Brunel's Tunnel...

...and where it led

Andrew Mathewson & Derek Laval

Edited by Corinne Orde

AN

A C T

FOR

Making and maintaining a Tunnel under the River *Thames*, from some Place in the Parish of *Saint John of Wapping*, in the County of *Middlesex*, to the Opposite Shore of the said River, in the Parish of *Saint Mary Rotherhithe*, in the County of *Surrey*, with sufficient Approaches thereto.

[ROYAL ASSENT, 24th *June* 1824.]

Published by Brunel Exhibition Rotherhithe
© *1992*

ISBN 0 9504361 1 9

Contents

*P*reface

If *you travel today along the Thames from Hammersmith, in the west of London, to the river's estuary in the east, you will pass over more than thirty tunnels under the river-bed. Some carry cables, some water, some gas, while others lie empty. Eleven of the tunnels hold railways and five are road tunnels. The most famous of these are probably the two Dartford tunnels, which take thousands of motorists into London every day.*

Much better for giving a sense of the deep, wide river passing overhead are the two foot-tunnels of which the better known is that at Greenwich.

Here, an old lift takes us down to the bottom of the shaft and we see, stretching ahead, a long, gradual descent down a dripping, echoing passage; there is no sign of our destination safe on the far side until we arrive at the very lowest point marking the midstream of the river, where we begin the slow climb upwards; at last we arrive with relief at the lift which will carry us up to the light of day. Is there anyone who, stepping outside from the little round house which caps the tunnel shaft, does not look back to the far bank and congratulate himself or herself on the achievement of walking beneath the rolling brown waters? In this way, we get some sense of the enormous physical obstacle which the river presents to the daily life of the capital.

Imagine, then, what vision those men had who first conceived the idea of tunnelling underneath the river; and what courage they had to hold on to their belief, in the face of all but overwhelming discouragement, until their vision became a reality.

For the tunnel whose troubled story we are to explore appeared on the map of London long before the Blackwall Tunnel and long before the foot-tunnels at Greenwich and Woolwich. It was the very first tunnel under the River Thames—or any river at all—and the techniques devised by Marc Brunel before he built the tunnel, and used to overcome the problems that it presented, which paved the way to some degree for every tunnel excavated in soft ground under water ever since. These include, of course, the major tunnelling achievement of our own day—the Channel Tunnel connecting England and France. Brunel's Thames Tunnel is still in use and in perfect working order some 150 years after it was opened, carrying passengers by the thousand every hour. Yet most of these preoccupied travellers may not even realise they are under the Thames at all, let alone know the fascinating and agonising story of how the Tunnel was, eventually, built.

*T*hames Tunnel Chronology

1798	Ralph Dodd writes of the 'want of a grand uninterrupted line of communication in the south-east part of the Kingdom'. His attempt at a tunnel between Gravesend and Tilbury soon fails.
1802	Robert Vazie proposes a tunnel between Rotherhithe and Limehouse.
1805	The newly-formed Thames Archway Company is empowered to undertake the project.
Aug. 1807	Vazie begins his tunnel.
Jan. 1808	The tunnel, under the direction of Richard Trevithick, is flooded less than 200 ft short of completion. It is later abandoned, judges appointed by the Thames Archway Company having decided that an underground tunnel is 'impracticable'.
1818	Marc Brunel patents a device for 'Forming Drifts and Tunnels Under Ground'.
1821	Brunel is imprisoned for debt.
Feb. 1824	Brunel creates great enthusiasm for the idea of a tunnel when he gives a lecture to the Institution of Civil Engineers.
Mar. 1824	Brunel enlists the support of the Duke of Wellington.
June 1824	The parliamentary Bill defining the powers of the Thames Tunnel Company for 'Making and Maintaining a Tunnel under the Thames' receives the Royal Assent.
Mar. 1825	The formal opening of work on the shaft at Rotherhithe takes place.
June 1825	The top of the brick tower is sunk below ground level.
Nov. 1825	The boring of the tunnel begins.
Apr. 1826	William Armstrong, resident engineer, becomes ill and resigns.
Jan. 1827	Isambard Brunel, who has been acting as resident engineer for several months, is officially confirmed in the appointment.
May 1827	Protesting about cuts in their wages, the miners go on strike.
May 1827	The first major flood. The tunnel is 549 ft long.
Aug. 1827	Brunel suffers a paralytic stroke.
Nov. 1827	The celebration banquet takes place in the tunnel. Work begins again.

Jan. 1828	Second major flood. Six men are killed and Isambard is injured. The tunnel is 605 ft long.
Feb. 1828	Isambard Brunel suffers the first of a series of haemorrhages and is 'laid up' for several months.
Aug. 1828	The tunnel is bricked up after a new issue of shares fails to raise adequate money.
Nov. 1831	Brunel suffers a heart attack.
Dec. 1834	The first part of a £270,000 loan from the Treasury is made over to the Thames Tunnel Company.
Mar. 1835	The new shield is installed underground and tunnelling restarts.
Aug. 1837	Third major flood. The tunnel is 736 ft long.
Sept. 1837	Tunnelling restarts.
Nov. 1837	Fourth major flood. One miner is killed. The tunnel is 742 ft long.
Mar. 1838	Fifth major flood: the third flood in 26 ft of tunnelling. The tunnel is 763 ft long.
Aug. 1839	The tunnel reaches the low-water mark on the Wapping shore.
Mar. 1840	Brunel is knighted by Queen Victoria.
June 1840	Brunel takes possession of the land for the Wapping shaft.
Nov. 1841	The tunnel reaches the Wapping shaft.
Mar. 1843	The Thames Tunnel is opened to pedestrian traffic. It is 1,200 ft long.

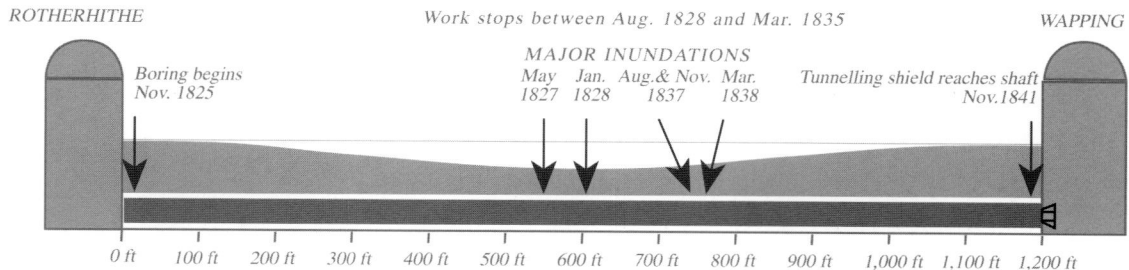

ROTHERHITHE — *Work stops between Aug. 1828 and Mar. 1835* — WAPPING

Boring begins Nov. 1825

MAJOR INUNDATIONS
May Jan. Aug.& Nov. Mar.
1827 1828 1837 1838

Tunnelling shield reaches shaft Nov.1841

0 ft 100 ft 200 ft 300 ft 400 ft 500 ft 600 ft 700 ft 800 ft 900 ft 1,000 ft 1,100 ft 1,200 ft

A tunnel for the Thames

*L*ondon's bridges

Until the middle of the eighteenth century the only way to move people or goods across the river *Thames* without putting them into a boat had been to take them across London Bridge.

The bridge had been built in the twelfth century and over the years had become crowded with shops, houses and even a chapel. At one time, the heads of those executed in the Tower of London used to be displayed on poles over the bridge's southern gate.

By the middle of the eighteenth century the bridge and its buildings were in a poor state—the effects of the river underneath, the traffic and houses above and a conspicuous lack of maintenance. Yet the only improvement made to it at this time seems to have been to pull down the houses in about 1760 to leave a wider carriageway for all the traffic.

At last, Parliament saw the sense of allowing a second crossing to be built, and in 1750 another bridge was opened at Westminster and throughout the remainder of the century many more bridges were constructed. With one exception these have now been replaced, but they gave the fixed locations and, in most cases, the names to the bridges we know today: Kew Bridge (originally built in 1759), Battersea Bridge (opened to pedestrians in 1771 and to wheeled traffic the following year) and Richmond Bridge (1777). Yet only one was built close enough to provide any relief to the permanent traffic jam on London Bridge and that was Blackfriars Bridge (originally named Pitt Bridge as a memorial to the Earl of Chatham), which opened in 1769.

Even the bridges added in the early years of the nineteenth century—Vauxhall Bridge (1816), Waterloo Bridge (1817) and Southwark Bridge (1819)—while serving the growing needs of people working and living to the west of the City, gave little relief to the two bridges which had to carry the traffic of the port and City of London in the east.

The first enclosed docks

At the beginning of the nineteenth century important changes in the way cargoes of merchant ships were unloaded meant that the community around the port—its roads, streets and the two bridges—were busier than ever. Until that time all merchant ships that entered the Port of London carrying goods on which customs dues had to be paid could be unloaded only at the 'legal quays' between the Tower of London and London Bridge. The concentration of vessels here meant chaotic congestion: ships were moored in the river, sometimes for three months, while they waited to be unloaded. The 'system'—though it hardly deserved the name—also raised losses of cargoes by theft to serious levels. The many ships waiting in the river were easy prey for gangs who cut them from their moorings under cover of darkness—often with the help of a corrupt crew—and raided them when they ran aground.

In 1802 the West India merchants opened the first enclosed docks on the north side of the Isle of Dogs. These provided berths for six hundred ships and, with their high walls and armed guards, they successfully reduced the losses from river thieves and guaranteed the payment of customs dues. Other enclosed docks soon followed: the London Docks at Wapping, the East India Docks at Blackwall and the Surrey Docks, all built in the first years of the nineteenth century.

View of the Thames from the Surrey side showing the newly-built London Docks (opened 1805) with the Tower of London in the background. London Docks were among the first enclosed docks to be used for handling cargo. The ships crowding the river are 'awaiting orders', i.e. waiting to unload their cargo to sailing barges and lighters alongside.

The need for a crossing in the east

The expansion of London as a port and the rapid development of the docks to become the largest and most advanced in Europe created a bustling community. The riverside district became packed with warehouses mills, factories, houses and people. Communications on the shore—the roads, streets and bridges of the surrounding area—would have to keep pace with developments on the river, or the commercial future of the district might be threatened. But as late as 1820, the nearest river crossing was still London Bridge, by now very old and as much as four miles away for the horse-drawn wagons and carts which plied their busy trade to and from the new docks.

What is more, when the wagoners and carters reached London Bridge they were in for a considerable hold up, for an estimated four thousand vehicles were by then struggling across the bridge every day.

Almost as many people were ferried across

Strategic advantage of an eastern crossing

Beside the solid commercial reasons for a new crossing, there were other longer-term arguments. As long ago as 1798, Ralph Dodd, the engineer who built the Grand Surrey Canal, had published a paper in which he wrote: 'In the course of my professional travelling, I have observed the want of a grand uninterrupted line of communication in the south-east part of the Kingdom, which could easily be obtained if the River Thames could be conveniently passed.'

Dodd had carried his idea through to plans for a 900-yard tunnel far down the river between Gravesend and Tilbury. He had raised some money and sunk a shaft but apparently failed to find the bed of chalk which he had been counting on, and when the money ran out the project came to an end.

Although since then Wellington had beaten Napoleon at Waterloo, Dodd's point was still valid: if Britain should ever come under threat of invasion again, the army would find it far easier to repel the potential invaders if it could reach the south and east coasts without the Thames being an obstacle in the way. The military consideration was to be an important factor in the decisive support which the Duke of Wellington gave to the project when Brunel was struggling to complete the tunnel in years to come.

the river by Thames watermen: up to three hundred and fifty ferries worked on the river every day, and with their manoeuvering around and between the vast cargo ships as they lay at anchor or made their way up- or downstream, the river was quite as crowded as any city street is today.

In short, there was a strong case for another *Thames* crossing to the east of London Bridge. Whether this were a bridge or a tunnel, it would present considerable problems.

If a bridge were to be high enough to enable the masts of ships to pass underneath, the enormous road ascents which would be required would add to its cost considerably. While 'bascule' bridges—similar in principle to the later Tower Bridge—were familiar in Europe, steam-engines at that time were not sufficiently advanced to cope with lifting bascules of the weight that the width of the *Thames* demanded. Even supposing a lifting bridge were possible (as it eventually became by the time Tower Bridge was built), it would have to be raised so frequently to allow ships to pass that it would hardly be a continuous crossing for wheeled traffic.

On the other hand, could wheeled traffic be conveyed underneath the river? Many shook their heads. A tunnel through 'soft ground' like that under the *Thames* did not exist anywhere in the world. In fact, the idea had already been tried…and it had failed.

*E*arlier tunnels under water

True, there were accounts of subaqueous tunnels in the ancient world: the Assyrian Queen Semiramis contributed considerably to her own legend by having the river *Euphrates* at Babylon diverted while a tunnel for her personal use was built underneath it; and the Romans were said to have tunnelled under the sea off the French port of Marseille.

In the modern era there were some underwater mine workings in Cornwall and at the turn of the century a tunnel had been cut beneath the estuary of the river *Tyne* on the northeast coast. This too, however, was an adjunct to a mine and had been cut through rock. The only modern experience of tunnelling through the soft ground of the kind found under a river-bed was that of Robert Vazie and Richard Trevithick.

The Vazie/Trevithick tunnel under the Thames

In 1802 Vazie, a Cornish tin mining engineer, his imagination fired, no doubt, by the efforts of Ralph Dodd, proposed a much shorter tunnel between Rotherhithe and Limehouse and by 1805 the idea had won sufficient interest and money for a new 'Thames Archway Company' to be empowered by Parliament to undertake the project.

From a shaft sunk at Rotherhithe Vazie planned a 'driftway' (small pilot tunnel) 3 ft wide at the bottom, 2 ft 6 in. wide at the top and a mere 5 ft high, reinforced with a timber lining in the traditional way. This was to be completed first and would act as a drain when the proper tunnel was built above it later.

The directors thought Vazie's specification of a 50 h.p. engine for pumping extravagant and would only allow him a much smaller one. By the time the shaft had reached a depth of 42 ft it encountered gravel, which brought in too much water for the pumps, and the company's capital had been spent. More money was raised and Vazie continued the shaft, reduced in diameter, to a depth of 76 ft. Below this lay quicksand so he decided to start his tunnel from where he was.

At this point the company directors sought outside advice and ended up by calling in Richard Trevithick, a fellow Cornishman aged thirty-six with a considerable engineering reputation made, like Vazie's, in the mines. Trevithick, a man of strong character, was soon effectively in charge of operations and it was not long before the directors dismissed Vazie, the originator of the scheme.

Begun in August 1807, the driftway progressed at an average of 6 ft per day, increasing to more than 11 ft daily when Trevithick was in sole charge. After passing its lowest point under the middle of the river, the tunnel's ascent was countered by a descending layer of rock. The miners chiselled their way through this only to emerge into quicksand, which instantly brought water into the tunnel and the rapid collapse of that part of the roof which the miners had not yet supported with timber. The miners stayed where they were, removed the collapsed earth, repaired the hole with timber, made the necessary arrangements for drainage, and continued.

Despite further similar incidents, by January the low-tide mark on the north bank of the Thames had been reached. Then suddenly, at high tide on the 26th, quicksand and water poured in through the workface. With no alternative this time but to run for their lives, the miners, with water rising all around them, fought their way along the cramped, pitch-black tunnel more than three hundred yards to safety. Trevithick, like a good ship's captain, was the last to leave and when he emerged into the shaft the water in the tunnel was up to his neck.

His enthusiasm undiminished, he dumped clay onto the river-bed to seal the breach, pumped the tunnel dry and, a week after the inundation, had the miners back at work. Realising that the river-bed was presenting more permanent problems, however, he came up with the idea of excavating the remainder of the tunnel from above: the miners would work inside a series of coffer dams and lay a tunnel composed of cast-iron sections, like a giant pipeline, inside the trench.

This idea was untested and his directors shook their heads at it, preferring to offer £500 to anyone who could devise an alternative scheme for completing the driftway. Of the forty-nine suggestions, none was considered workable and the judges, Dr. Charles Hutton and William Jessop, declared: 'Though we cannot presume to set limits to the ingenuity of other men, we must confess that under the circumstances which have been so clearly presented to us, we consider that an underground tunnel which would be useful to the public and beneficial to the adventurers is impracticable.' The tunnel, with less than 200 ft out of a total of 1,200 ft to go, was abandoned; the Thames Archway Company came to the end of its brief existence and Trevithick left Rotherhithe to take up new schemes elsewhere.

It is interesting to note that history has totally exonerated Trevithick's last plan for completing the tunnel: San Francisco's Bay Area Rapid Transit Tunnel, the *Detroit* river tunnel and the causeway across the mouth of Chesapeake Bay are just three examples of how his far-sighted idea has been applied in the U.S.A. years after he thought of it.

The failure of Trevithick's tunnel—or rather that of his company directors to allow him to complete it—meant that in the 1820s the kind of tunnel which Brunel came to envisage had never been built before. And at the heart of Brunel's conception was a completely new technique for coping with the problems of 'soft ground', for which succeeding generations of tunnelling engineers would pay tribute to him.

Marc Isambard Brunel

The early years

On April 25th 1769, Maria Victoire Lefèbre, wife to Jean Charles Brunel, gave birth to her third child and second son—Marc Isambard. Marc was the latest in the line of male Brunels born in the farm close to the village of Hacqueville near Étrépagny in France. Since 1490 Brunel eldest sons had inherited the farm and younger sons traditionally went into the Church or law. The accident of birth that forced this second son to look beyond the boundaries of the old farm was to cause the name of Brunel to be written indelibly across the pages of the industrial revolution.

At the age of eight Marc was sent to the College of Gisors in Rouen, where he excelled in music, drawing and mathematics but was the despair of his teachers in Latin and Greek. From his earliest years the young Brunel displayed an incessantly inquiring, independent mind, allied to a formidable intelligence and an intuitive understanding of mechanical devices. He designed and constructed a novel musical machine that combined the sound of flute and harpsichord. Presented with this device, his father was gloomily unimpressed. In answer to the question 'what do you want to be?' Marc replied 'an engineer', a response puzzling to an eighteenth-century gentleman farmer. In desperation, Brunel *père* despatched his unfathomable eleven year-old son to the Seminary of Sainte Niçoise. But, within two years, the good priests of the seminary had bluntly told Jean Charles that, despite his talents and sunny temperament, Marc was not for the Church.

Young Marc's career prospects were looking bleak until he was rescued by the first of several benefactor figures who were to play crucial roles at different times in his life. Vincent Dulague was Professor of Hydrography at the Royal College of Rouen and a good friend of the Carpentier family. The Carpentiers, closely related to the Brunels, invited Marc to stay with them and Dulague agreed to tutor him for entry to the Navy as an officer cadet. Marc was in his element, soaking up knowledge from the professor and in his spare time producing detailed architectural sketches of the major buildings of Rouen. Dulague was so impressed with his pupil that in due course he persuaded Louis XVI's Minister of Marine to appoint Marc as a junior officer to a new frigate about to be commissioned. In 1786 the *Maréchal de Castries* sailed from Rouen with the seventeen year-old Brunel. Typically, Marc carried on board his own hand-made navigator's quadrant, which he was to use throughout his naval career.

In January 1792, after six years of naval duty, the *Maréchal de Castries* returned to Rouen and paid off her crew. Marc disembarked at Rouen to find his country dramatically transformed. During his absence, the people of France had rejected the old ideas of inherited wealth, rank and privilege. The Revolution was in its third year.

The flight to safety

The momentous events which transpired in 1789 were to prove a significant watershed in the history of France and a turning point in Marc Brunel's life. The populist uprising against the establishment of monarchy, aristocracy and Church in the spring and summer of that year culminated in the storming of the Bastille on July 14th. The Constituent Assembly effected radical political, social and economic changes. These included the abolition of feudal, aristocratic and clerical privileges, a Declaration of the Rights of Man, the establishment of a constitutional government and a confiscation of Church estates. The *Ancien Régime* had been swept away in the name of liberty, equality and fraternity. After the execution of Louis XVI and Marie Antoinette in 1793 the Revolution entered a dramatic phase of bitter political rivalry between the Girondins and Jacobins (followers of Robespierre). Although the Jacobins seized control and instituted the reign of the Terror, Robespierre's triumph was short-lived, ending in his execution in 1794. The rampant *sans-culottes* were eventually suppressed by military force and the government of the Directory was established in 1795. This was in turn overthrown by Napoleon Bonaparte in 1799.

In revolutionary France Marc's independent mind and royalist views were soon to get him into trouble. In January 1793 Marc and his friend, François Carpentier, made a trip to Paris during which they visited the Café de l'Échelle. Here, Marc, somewhat injudiciously, delivered a speech criticising Robespierre and forecasting his downfall. Not surprisingly, the largely Jacobin (supporters of Robespierre) clientèle of the café rose up in anger and attempted to seize the two men. Fortunately, Marc and his friend managed to evade the hostile mob, hiding till nightfall in a nearby inn before returning to the Carpentier residence in Rouen. There, Marc met an unexpected guest of the Carpentiers.

In the December of 1792, some weeks before Marc's difference of opinion with the Republican mob, seventeen year-old Sophia Kingdom sailed from Portsmouth to Le Havre. Sophia had come to France to learn the language accompanied by two friends, a Frenchman and his English wife. But France was in turmoil, and the friends took fright at the unstable situation and returned to England, leaving Sophia, who had meanwhile fallen ill, behind at the Carpentiers in Rouen. Perhaps inevitably, the shy, beautiful young English girl and the handsome, talented Frenchman fell in love.

Unhappily, their plans for a future together were to be frustrated by the revolutionary zeal sweeping through France. Rouen, once a royalist enclave, was now firmly in the hands of the Jacobins and Marc and Sophia were forced to remain in hiding. By some means or other Marc's friends managed to obtain a passport for him and permission to travel to America, ostensibly to purchase grain for the French Navy. Marc sailed to North America on board the aptly named *Liberty* and in September 1793 arrived in New York. His American adventure was about to begin.

Meanwhile, in Rouen events had taken an unhappy turn. Sophia was arrested and incarcerated in a makeshift prison in Gravelines. There she remained until July 1794, when she was suddenly released— Robespierre had fallen. Somehow, the nineteen year-old girl, ill and emaciated after her imprisonment, made her way back to Rouen. The Carpentiers nursed her back to health and in the following year Sophia obtained a passport and returned to England.

*A*merican citizen

After an initial period of adjustment, Marc Brunel soon established a considerable reputation within the engineering community in the U.S.A. When he was still only twenty-six, he managed to persuade Thurman, a wealthy New York merchant, to back a project which would cut a canal linking the *Hudson* to Lake Champlain, thus providing an aquatic thoroughfare between New York and the *St. Lawrence*. This was one of the first great canals of North America.

Demonstrating the extensive range of his skills and knowledge, Marc entered a competition for the design of a new Capitol building. Although his entry was judged to be the best and an outstanding design, the cost was thought to be too high and the design was never implemented in its original form. However, a modified version of the design was used for a theatre in the Bowery.

In the Autumn of 1796, after taking American citizenship, Marc was appointed Chief Engineer of New York. In this role he completed many building and engineering projects, designing houses, commercial buildings and an innovative cannon foundry.

Some two years after his appointment as Chief Engineer Brunel was invited to dine with Alexander Hamilton, a former aide to George Washington. The talk at dinner turned to the political situation in Europe. Napoleon's imperial ambitions were becoming increasingly menacing and in the impending conflict the Royal Navy was clearly destined to play a key role. One of the guests, a fellow Frenchman, disclosed that one of the Royal Navy's major supply problems was a shortage of the blocks that the sailing ships of that time used in large quantities. The Navy needed supplies of 100,000 blocks a year and the supply, from traditional sources that used laborious hand-carving techniques, could not keep up with the demand. Brunel quickly realised the commercial opportunity for someone who could manufacture blocks more quickly and cheaply. His inventive

Marc Isambard Brunel

mind went to work and he designed a machine, or more exactly a set of machines, to automate the production of blocks.

Armed with a letter of recommendation from Hamilton, Brunel sailed for England in February 1799 to find his fortune and his beloved Sophia.

England

Within days of arriving in London Marc and Sophia were reunited and engaged to be married. A month later, Brunel filed the first of his many patent specifications. This one described a 'Duplicate Writing and Drawing Machine'. Designed for the busy eighteenth-century executive, this device, which Brunel called a 'Polygraph', consisted of a set of linked quill pens arranged so that up to three copies of a letter or report could be made whilst the original was being written.

In November 1799 Brunel realised the first of his desires when he and Sophia were married at the Church of St. Andrew in Holborn.

The block-making machine was still Brunel's prime concern and, in pursuit of some way to produce working models from drawings, he was fortunate to find Henry Maudslay. At the dawn of an age which saw the world transformed by the power of machines Maudslay was a pivotal figure. He was virtually the founder of the machine-tool industry and devices such as the screw-cutting lathe, the planing machine and the micrometer all emerged from his workshop in Wells Street. Apprentices of his who were to become famous in their own right included Joseph Clement, who built Babbage's calculating machine, and James Nasmyth, inventor of the steam-hammer. Over two decades Maudslay's engineering skills were to give form to Brunel's brilliant ideas.

Brunel prepared drawings of four machines, each of which was to perform a separate step in the block-manufacturing process, and Maudslay set about producing working models. In 1801 Brunel filed his patent, which described 'A New and Useful Machine for Cutting One or More Mortices, Forming the Sides of and Cutting the Pin-Hole of the Shells of Blocks and for Turning and Boring the Shivers, and Fitting and Fixing the Coak Therein'. Shortly after this the Brunel's first child, a daughter named Sophia, was born.

Equipped with his models, Brunel

approached Messrs Fox and Taylor of Southampton, the Navy's principal supplier of blocks. Samuel Taylor (son of founder Walter Taylor) flatly rejected Brunel's new ideas. In a letter to Brunel in which he describes his father's block-making techniques, he writes, '…I have no hope of anything ever better being discovered and I am convinced there cannot. At the present time, were we ever so inclined, we could not attempt any alteration…'

Following this setback, Brunel obtained a meeting with Lord Spencer, who had recently resigned from the office of Navy Minister. Spencer was to become for Brunel in England what Thurman had been in the U.S.A. Endorsed by his noble patron, Brunel was now accepted in London society, mingling with the likes of Faraday and Babbage. Through Spencer's influence Brunel gained access to Bentham, Inspector General of Naval Works. Bentham had been brought in to clean up the corrupt and inefficient practices of the suppliers to the Navy and was persuaded of the merits of Brunel's proposal. In April 1802 Bentham recommended the installation of Brunel's block-making machines at Portsmouth Dockyard. Brunel's financial reward was to be a sum equal to the savings resulting from one year's full-scale operation of the plant, plus an allowance of one guinea a day.

Brunel's block-making project was an engineering success, but then, as in the future, engineering success was not to be accompanied by financial security. He had paid Maudslay for the models from his own funds. The Navy was demanding higher output and it was clearly in his interests to maximise production. However, the cost of developing special saws to feed the block-making machines also came from Brunel's own dwindling resources. The Navy Board was not inclined to pay up quickly and it was to take nine years, after a long and acrimonious argument, for Brunel to get his just rewards. Meanwhile, he had a growing family to support. Following on the birth of the Brunels' second daughter, Emma, Sophia was pregnant again and on April 9th 1806 she gave birth to her third child, a boy, whom they named Isambard Kingdom.

In 1809 Brunel happened to see the recently returned veterans of the battle of Corunna and was shocked by the sight of their unshod, lacerated feet, bandaged with rags. Apparently, faulty boots, which were known to break up on the first day's march, caused as many casualties as enemy action. Examination revealed fundamental flaws in the design and construction of the boots which the Army was buying at a cost of £150,000 a year. Brunel promptly designed a superior boot and the machines to make them. After his experience with the Navy, which had yet to pay him, Brunel decided on a private venture and set up a factory employing twenty-four disabled soldiers. They operated a set of machines that produced good, strong boots and shoes in nine different sizes. Like all his designs, Brunel's boots were a great success and in 1812, the Foreign Secretary, Lord Castlereagh, persuaded him to expand production in order to fill the Army's total requirements. This encouragement was to prove a mixed blessing.

The following years were to continue the pattern of success in all but financial matters. Brunel was elected a Fellow of the Royal Society in 1814, but in the same year a fire destroyed his factory in Battersea Mill. The Battle of Waterloo brought an abrupt end to purchases from the Army, leaving him with large stocks of unwanted boots. By 1820, his various business enterprises were ailing and the final blow came in 1821 when Sykes and Company, his bankers, became insolvent. Creditors, who until then had been understanding, turned on him. In May 1821 Marc and Sophia were arrested for debt and consigned to King's Bench Prison.

Brunel continued to work from prison and to write to friends and business contacts. One of his correspondents was Alexander I, Tsar of Russia. An admirer of Brunel, Alexander had earlier (in 1817) asked him to design a bridge to cross the *Neva* at St Petersburg. Word got out that Brunel was considering leaving England for Russia and the matter of retaining his services in England became an issue of national concern. The Duke of Wellington intervened on Brunel's behalf with the Prime Minister and eventually the sum of £5,000 was delivered by the Government to pay off his creditors. In August of the year in which they were arrested Marc and Sophia walked free.

*B*eginning the Tunnel

*T*he River Neva scheme

Brunel soon realised that to build a bridge spanning the *Neva* would present serious difficulties: for one thing, the river was 800 ft wide at the proposed site and, for another, all work would have to stop in the winter months because the river regularly froze over. These obstacles led the engineer to consider for a while the possibility of building not a bridge but a tunnel.

Even so, he foresaw problems. The ground under the river would be soft. 'Soft ground' means loose, uncompressed material such as gravel, sand or mud. Unlike rock, which is rigid, soft ground by its nature collapses if not supported from below, which creates special problems for tunnellers. The problems are worse underneath a river because there, the loose material is under downward pressure from the water above, which would swiftly surge through in the event of a collapse. After some consideration Brunel abandoned—for the time being—the idea of digging a tunnel under these conditions.

Instead, he put forward a bold plan for a bridge with a span of nearly 900 ft. Had it been built, it would have been more than half as long as the bridge spanning Sydney Harbour today, but it was evidently too expensive for the Tsar.

Often with men whose minds have a problem-solving capacity like Brunel's, if an idea cannot be put to use in the project in hand, it is noted and stored for possible use on a later occasion.

And so it was with the problems of 'soft-ground' tunnelling raised by the river *Neva* project. Brunel's observation of Trevithick's attempt some years earlier, together with his own thoughts about the *Neva* project, led him, in 1818, to patent a device for 'Forming Drifts and Tunnels Under Ground'.

The patent proposed Brunel's basic idea of a shield and developed it in two possible directions. One version had it as an iron cylinder with long rotating blades at the front to excavate the earth, the whole thing to be pushed forward, as the excavation progressed, by devices called 'hydraulic jacks'. The earth removed would be passed back through the machine and the cylinder would support the top and sides of the tunnel until a permanent brick lining had been built.

Brunel had been inspired in his design partly by observing while working in Chatham Dockyard a worm, *teredo navalis*, which tunnels into oaken ships' timbers. Digging with shells on either side of its head, the shipworm excretes the excavated wood out of its body, using it to line and reinforce the tunnel as it moves along.

With time on his hands while inside the King's Bench Prison Brunel was able to consider the shortcomings of his patented designs at some length. He realised that there was no steam-engine which could satisfactorily drive the blades round, and manpower was certainly not sufficient. Furthermore, for a shield which was to hold workmen, a rectangular shape would be more practical than a round one.

He therefore preferred the other possibility: in this case the shield was an iron frame facing the direction of the tunnel and containing a large number of adjacent cells, all in contact with the tunnel face. This shield divided the face of the tunnel between a large number of miners, each working in his own iron cell almost independently of the others. The area of the tunnel face covered by each man's cell was itself divided up into small areas, each covered by a removable board. A miner would remove one board at a time only, dig out the small area of the tunnel face behind it to a depth of several inches, then replace the board and do likewise with the one next to it, and so on. When a miner had excavated his part of the face, his cell would be propelled forward a few inches by the jacks at the rear of the shield.

The idea of the shield is still used in tunnelling today, and Brunel's invention made possible not only the first tunnel anywhere through the soft earth under a river-bed but therefore, in a sense, every tunnel excavated under water ever since.

Even the prototype version of the shield built by Brunel demonstrates many advantages over the timber-prop tunnelling techniques that had been used before his day. Partitioning a large tunnel face into tiny sections had combined advantages: it enabled much larger tunnels than before to be dug through unstable material while preventing the whole face from collapsing at once. The shield also held up the roof of the freshly excavated tunnel over the miners' heads until the bricklayers working just behind them had given it a permanent lining. Thus, the shield made the work altogether safer for those at the workface. It also kept the excavation to the exact size and shape which had been determined, providing, as Brunel stated in the preface to his patent, 'efficacious means of opening the ground in such a manner that no more earth shall be displaced than is to be filled by the shell or body of the tunnel'.

In the time that followed his spell in prison Brunel continued to refine his great idea: instead of each cell being independent, three cells, one on top of another, were to form a vertical frame and there would be eleven frames side-by-side, forming a massive oblong shield, which Brunel's biographer, Clements, has helpfully compared to 'a row of hollow books—each book representing a frame containing three cells—and each capable of being advanced independently'.

From drawing-board to 'The Thames Tunnel Company'

Brunel also began to publicise his idea and its application to the construction of a tunnel under the *Thames*. He wrote an article describing the shield in the *Mechanic's Magazine* of September 1823 and prepared booklets with which to start raising parliamentary, business and financial support for his project.

One of the businessmen who had been involved in the defunct Thames Archway Company introduced him to William Smith, Member of Parliament for Norwich. Smith saw fit to be a staunch defender of the slave trade and spokesman for three Christian denominations simultaneously, and happily added the Thames Tunnel as another string to his bow. Brunel, for his part, was happy to have Smith's parliamentary know-how at his disposal.

On February 17th 1824 Brunel gave a lecture to the Institution of Civil Engineers, and the following day more than a hundred people, whose enthusiasm Brunel's hard work in preparation had engaged, flocked to a meeting at the City of London Tavern. Here, the engineer's journal tells us, William Smith took the chair, resolutions were proposed and agreed upon, a committee was instituted and a list of subscriptions for shares was opened. Within days the committee began preparing the parliamentary Bill, which would create the Thames Tunnel Company and grant it permission to dig the tunnel while Brunel attended to further practical matters.

On March 5th he went to explain his plan to the Duke of Wellington. 'His Grace,' he wrote later, 'made many very good observations and raised great objections; but after having explained to him my Plan and the expedients I had in reserve, His Grace appeared to be satisfied and to be disposed to subscribe.' Brunel was fortunate in being not only a brilliant engineer but also an expert lobbyist who recognised the inestimable value of good 'public relations' long before such a phrase was coined. The support of the Iron Duke was to be critical in the difficult years to come.

The Bill received the Royal Assent on June 24th 1824 and at the Company's first general meeting in their new City offices the terms of Brunel's appointment were described: as Engineer to the Company he was given a salary of £1,000 a year; in addition he was to have £5,000 for the use of his patent, to be paid 'when the body of the tunnel shall be securely affected, and carried sixty feet beyond each embankment of the river' and a further and final sum of £5,000 'when the first public toll … shall have been received …'

*P*reparations for digging

There were a hundred-and-one things to be done and arrangements to be made by the engineer before any excavation could begin, and one of the most important preparations was the survey of the earth under the river-bed: time-consuming test borings along the proposed course of the tunnel at an early stage could prevent a disaster later on. The samples showed Brunel that upwards from 42 ft there was loose, water-bearing gravel; below 76 ft he risked meeting the quicksand which had sunk Trevithick's tunnel; Brunel decided to send the tunnel along at a depth and gradient where the samples told him he would find strong blue clay. This would be an easy material to tunnel through, but would also hold up well. Nevertheless, if it were only 34 ft thick it made the importance of the excavation staying on course even greater. It also meant that, at the river's deepest point, the 'crown' of the tunnel arch would be only 14 ft below the bed of the Thames.

Nonetheless, with Brunel full of confidence that he could succeed where others had failed, on March 2nd 1825 the work began.

Following Trevithick, he made his first requirement a shaft on the Rotherhithe side of the river to provide access to the place where the tunnel would start. The traditional way to go about this was to dig a shaft and line the walls with bricks. This meant holding up the digging while underpinnings were driven into the sides of the shaft in order to keep the lining in place. But Brunel's ingenious idea was to raise a brick tower and then sink it into the river-bank under its own weight, saving time and money.

William Smith, M.P., now Chairman of the Thames Tunnel Company, performed the opening ceremony, Marc Brunel laid the first brick and his son Isambard laid the second.

Afterwards, the important guests sat down to eat lunch and listen to earnest and optimistic speeches about the tunnel, to admire the model of it made for the occasion out of icing sugar and to drink a toast to its success. Twelve bottles of Bordeaux were purposely put aside to be drunk at the anticipated celebration on the far side of the river on a day, it was then thought, about three years in the future.

*S*inking the tunnel shaft

In three weeks, the circular shaft—or tower, as it appeared at first—had been built: its strong wall consisted of an inner and an

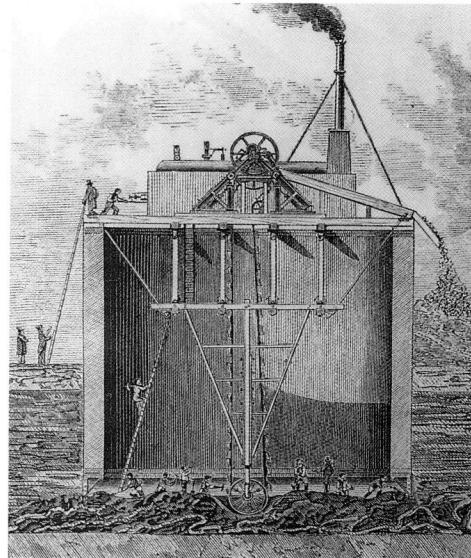

Sectional diagram of the Rotherhithe shaft showing the conveyor for raising spoil and the Maudslay V steam-engine mounted over the shaft. The men at the top are stoking the boiler to generate steam for the engine. The boiler was later installed in a permanent building alongside (now a museum) and the engine was also removed to allow the pedestrian entrance to be built. The spoil was taken away by river-barge and clay from the works was used to make lining bricks for the tunnel

outer surface of bricks a yard apart, the cavity between them filled with cement and rubble. It was 42 ft high and 50 ft across, built on top of a 25-ton iron hoop and was strengthened with another hoop at the top, the two of them tied by iron rods running vertically between the shaft's two brick walls. A superstructure was then set on top of the tower on which a steam-engine was assembled to pump away the water which the shaft encountered as it sank and to bring up buckets of earth from the bottom.

Thus, the excavation got under way and the enormous construction, weighing nearly 1,000 tons, was carefully sunk into the ground under its own weight at the rate of a few inches a day. In no time the downwards progress of the shaft at Rotherhithe became one of the most popular and fashionable sights of London. The Duke of Wellington was among the first to inspect it.

By June 6th 1825 the top of the brick tower was below ground level. The shaft was not yet complete, however: it had to be given a foundation. The diggers continued downward below the bottom of the pre-fabricated brickwork for another 20 ft or so, and bricklayers were employed again to finish the walls, leaving an opening 36 ft wide facing north for the tunnelling shield.

At the very bottom of the shaft a reservoir was dug and covered, which would hold the water drained from the tunnel workings. Above the shaft Brunel installed a new, more powerful steam-engine of his own design, with a boiler house beside it, to drive the tunnel pumps and bring up the earth in buckets. Finally, the great shield, built for Brunel by Henry Maudslay once again, was lowered into place 63 ft below the ground and on about 25th November 1825 the boring of the tunnel began.

The Shield

From the time he first devised it Brunel was constantly improving the shield, and the version that was assembled at the bottom of the Rotherhithe shaft in November differed considerably in its details from the earlier ones he had described. It was composed, finally, of twelve frames. Each was 3 ft wide, 21 ft high and 6 ft deep from front to back and contained three miners' cells. When it was fully manned, as it was by two eight-hour shifts, thirty-six miners would be excavating a tunnel face of approximately 800 sq. ft.

The shield and face in the western archway

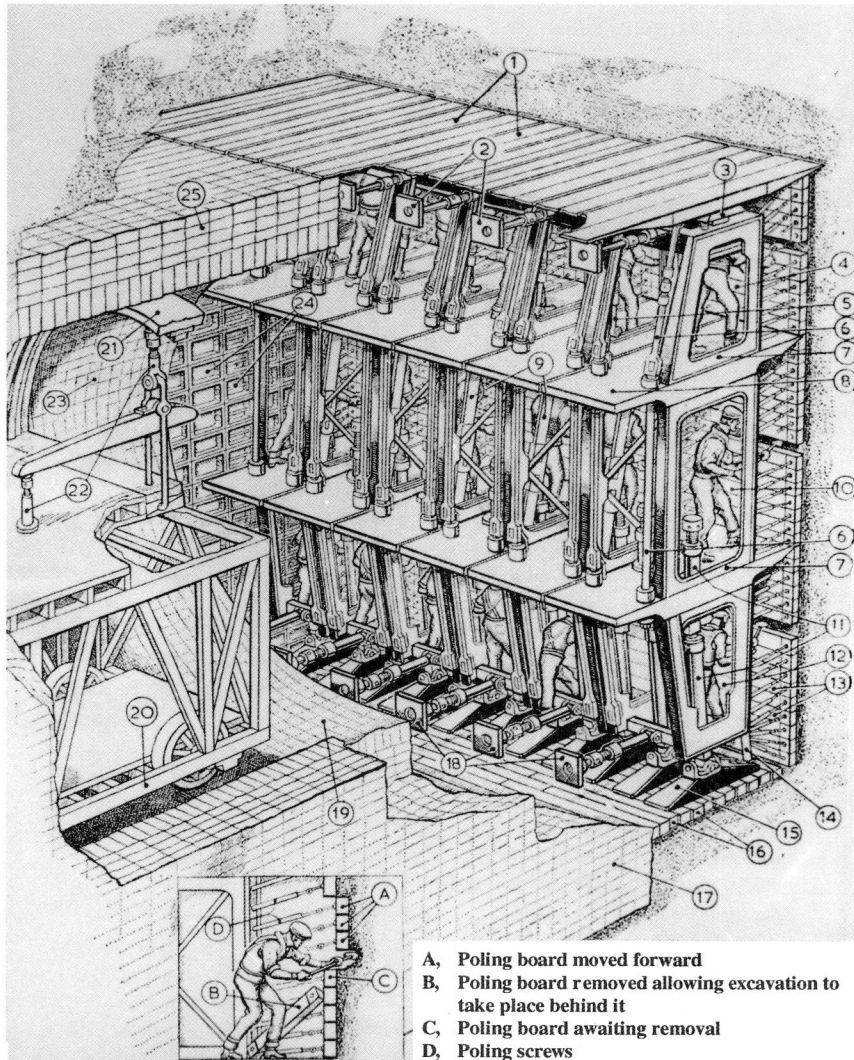

1   Top staves

2   Top abutting screws

3   Head

4   Top box of frame no. 6

5   Tail jack

6   Wrought-iron reinforcing member

7   Cast-iron side frame members

8   Upper floor plate of frame no. 6

9   Sling

10   Middle box of frame no. 6

11   Leg

12   Bottom box of frame no. 6

13   Poling boards

14   Jack forcing down floor boards

15   Shoe

16   Floor boards upon which brick roadways rest

17   Brickwork of dividing wall

18   Bottom abutting screws

19   Brick roadway

20   Travelling stage

21   Roof centring

22   Jacks for adjusting roof centring

23   Western sidewall

24   Side staves

25   Roof brickwork

A,   Poling board moved forward
B,   Poling board removed allowing excavation to take place behind it
C,   Poling board awaiting removal
D,   Poling screws

At the foot of each frame, to spread its weight of more than seven tons and prevent it from sinking, there stood a large 'shoe'. The joint between the frame and its shoe allowed the frame to pivot and so lean forwards or backwards if necessary.

Above the head of each frame were rollers carrying staves which supported the unlined portion of the tunnel's ceiling, while the face of the tunnel was supported by the small, removable 'poling boards' described earlier.

The 'hydraulic jacks' Brunel had originally envisaged were replaced in the event by 'screw jacks'. Working on the same principle as the jack used to raise a car off the ground, these jacks propelled the frames of the shield forward into the lengthening tunnel by thrusting backwards onto the ends of the tunnel's brick lining. This was to be at least 2 ft 6 in. thick in every part and was to be built with a new kind of 'Roman' cement, whose strength Brunel had tested exhaustively and the expense of which he vigorously defended.

Young Isambard

It was not long before misfortune struck. Marc Brunel had been taken ill even before the tunnelling got under way, Then, in April 1826, his 'resident engineer', William Armstrong, also became ill through overwork and resigned. Fortunately, Marc's son, who was already involved in the project, stepped readily into Armstrong's shoes.

From an early age Isambard Brunel had shown an ease of comprehension of the principles of engineering. Since his father himself educated the boy until the age of nine, he became familiar very early with the work, the instruments and the 'milieu' of the engineer. There are many stories of his activities at boarding school in Hove that indicate how far the son resembled his father: he busied himself drawing plans and building boats and, once, in an episode strikingly similar to one in his father's early life, he forecast correctly that some buildings being erected opposite the school would fall down.

Brunel was particular in his desire to complete his son's education in France. At the age of fourteen he sent him to the College of Caen in Normandy and thence to the Lycée Henri Quatre in Paris, which was famous for its mathematics teaching. After that, Brunel apprenticed him to Abraham Louis Breguet, a very great Swiss designer and maker of watches and scientific instruments. Here,

Brunel was perhaps using a connection of his wife's family, for Sophia's grandfather was Thomas Mudge, the great English clock-maker. His education now complete, Isambard, aged sixteen, returned to England and began work in his father's office, which at that time was still at the family home, where he soon became involved with the projects on hand; these included designs for bridges in London and Liverpool and work commissioned by the Admiralty on the practical application of condensed gases.

So, if Marc Brunel had to be kept from his place of work by illness, he could not have wished for a more like-minded replacement than his own son. Thus it was that the acting resident engineer to a project on which was focused the attention of the nation, of Europe and of much of the western world, was a young man of twenty.

*I*sambard becomes 'Resident Engineer'

Isambard frequently stayed below ground supervising the progress of the great shield for thirty-six hours at a stretch. In fact his over-exertion on the tunnel project had made

him ill late in the previous year. But in the busy months that followed Isambard evidently proved his flair and durability to the satisfaction not only of his father but of the directors of the Thames Tunnel Company as well, for on January 3rd 1827 his appointment as resident engineer was made official.

Once formally appointed, for fear of further damage to his health and therefore to the progress of the tunnel, he was given three assistants: Richard Beamish, William Gravatt, and Francis Riley. But no sooner had Isambard been appointed than Riley caught river fever from the foul water in the tunnel, became delirious and died.

Later, Beamish, too, fell seriously ill more than once and was left blind in one eye.

*A*dmission of visitors

As if his own illness and that of assistants, workmen and overseers were not enough for Brunel to worry about, in February 1827, with 300 ft of the archway completed, the directors of the tunnel saw fit to admit the general public, at one shilling a time, to admire the work.

Marc Brunel protested; after finding the promised seam of 'strong blue clay' to be far from continuous, giving way in many places to gravel, he was in constant fear of a disaster. But the very real possibility that the river might burst in when there were dozens of sightseers present horrified him. His protests were in vain for at the end of April six or seven hundred visitors were being admitted daily.

The miners go on strike

Another folly of the company directors was to propose cuts to the wages of the workmen, as another means of recouping money. The result was that the miners went on strike and, in the words of *The Times* of May 1st, 'scenes of riot and confusion' followed.

The first flood

After three days the strike ended with all but the strike leaders being re-employed, and work resumed, but Brunel's journal for mid-May records his serious disquiet at the increasing amount of water in the tunnel.

The pieces of china, wood, coal and other debris which the miners were finding as they worked in the upper frames of the shield had already indicated that the bottom of the river was much too close for comfort. On May 18th, after showing yet another party of— apparently aristocratic—visitors along the tunnel, Brunel wrote: 'I attended Lady Raffles to the frames, most uneasy all the while as if I had a presentiment…' His fears proved justified. That evening, as the tide was rising, water suddenly came roaring through one of the frames of the shield. In the course of making their escape, Beamish and Isambard Brunel paused at the visitors' barrier for a last look at the shield before ascending the shaft. A torrent of water was rushing towards them; they reached the top of the stairs just in time.

The accident caused no lives to be lost and in fact Marc Brunel confessed himself relieved now that what he long feared had finally taken place. Two days after the disaster he was evidently in a confident mood, for he wrote in his journal: 'The Rotherhithe curate, in his sermon today, adverting to the accident, said that it was but a just judgement on the presumptuous aspirations of mortal men, etc.… The poor man!'

All work was suspended, however, and Isambard went down to the river-bed in a diving-bell borrowed from the East India Docks Company. There, he found the cause of the inundation: gravel dredgers had been at work and the top of the shield had indeed been too close to the river bottom. But the brickwork remained sound and Brunel promptly set about organising repairs.

He had a bed of iron rods laid across the gap between the brickwork and the head of the shield, and on top of this bags of clay were placed. In little more than three weeks sufficient clay had been laid to seal the hole and allow the pumping of water from the tunnel to begin.

The project continued to attract the curiosity of the public. Isambard's venture in the diving-bell was conducted with boat-loads of sightseers and reporters looking on. And even while repairs were still in progress Brunel and his assistants were obliged by the directors to show visitors along the partly cleared tunnel in a punt. During one such visit the punt capsized and a miner was drowned—the first death to occur in the tunnel's construction but, unfortunately, not the last.

In August 1827 the pressures of the project caused Brunel to suffer a paralytic stroke and in September Richard Beamish caught pleurisy, which kept him off work for six weeks. The flooding of the tunnel had damaged the all-important ventilation in the tunnel. This meant that, as well as foul water, the men also had foul air to contend with, which left a deposit of black grime around their nostrils.

The banquet under the river

By November 1827 the tunnel had been cleared of water and silt and the shield was ready to begin work again. In celebration of this, Brunel, still far from completely fit, had nonetheless set about organising a banquet; this would restore confidence among the directors of the company, the workforce and the public alike. And in case any were still in doubt about the state of things underground it was there, on November 10th, that the banquet would take place—in the tunnel itself.

One of the guests was an artist by the name of Ramsey who later made an oil painting of the scene: at a long, linen-draped table forty or fifty distinguished guests are seated, as

Brunel (in the foreground) is welcomed in by his son. This was Ramsey's artistic licence: the elder Brunel was not actually present at the banquet. Four enormous candelabra cast their golden glow up into the tunnel arch, while at the far end of the table the scarlet jackets and plumed helmets of the band of the Regiment of Coldstream Guards can dimly be seen.

One hundred and twenty miners and bricklayers were also invited, and after formal toasts had been proposed to the Dukes of York, Clarence and Wellington, the workmen presented Isambard Brunel with a pickaxe and shovel and added a toast of their own: 'To our tools!'.

typically, was working in the shield helping two miners, Collins and Ball, to remove some shoring in one of the frames. Suddenly

Water rushes into the tunnel through one of the frames on January 12th 1828

Worse to come

From the moment the work restarted, however, the quality of the earth being excavated once more gave rise to grave concern and, on the morning of January 12th 1828, disaster struck again, worse than before.

A shift was about to end and Isambard,

a column of water swept in, knocked them out of the frame and extinguished all the lights. A fallen timber trapped Isambard's leg, but after a struggle he managed to free himself. Meanwhile, the tunnel was rapidly filling with water and Isambard struggled to the bottom of the shaft, calling in the darkness to the miners to do likewise. By the time he reached the foot of the shaft the workmen's stairs were blocked by others trying to get out, so he turned and made for the visitors' staircase. At this point the immense wave that had come boring along the tunnel reached the shaft and swept upwards, actually reaching the very top of the 42-ft Rotherhithe shaft. As it did so, it bore Isambard Brunel up to safety.

Death and injury

In fifteen minutes the length of the 600-ft tunnel was under water. A press report recounted: 'Wives and children in a state of nudity, the accident happening at such an early hour, were seen in the utmost state of distress, eagerly enquiring after their husbands and fathers.'

This time six men died. Collins and Ball had not recovered from the initial irruption of water at the shield. They had suffered the fate that had so nearly claimed the life of

A victim of inundation in the tunnel is carried to safety

Isambard: they were found later, crushed under the great wooden stage located behind the shield, upon which the bricklayers stood to construct the tunnel arch. Four others had reached the shaft and were trying to ascend it by ladder, only to be sucked from it by the

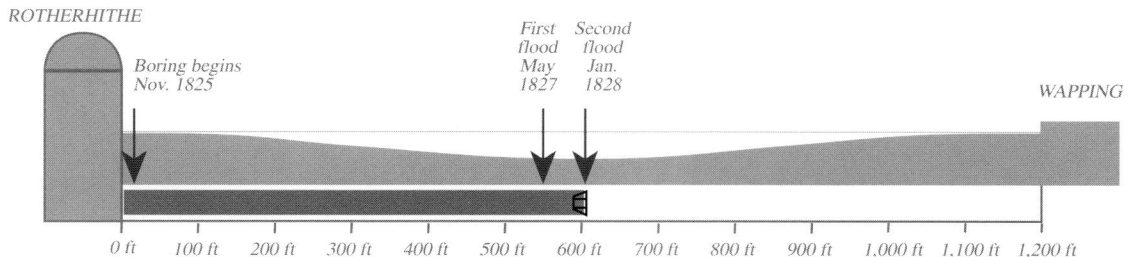

ROTHERHITHE

Boring begins
Nov. 1825

First flood
May 1827

Second flood
Jan. 1828

WAPPING

0 ft   100 ft   200 ft   300 ft   400 ft   500 ft   600 ft   700 ft   800 ft   900 ft   1,000 ft   1,100 ft   1,200 ft

A diving-bell is lowered from a barge to allow inspection of the river-bed above the shield following an irruption of the river into the tunnel works. After the first such irruption the Thames Tunnel Company borrowed a diving-bell from the contractors excavating the nearby West India Docks. Later, the Company bought its own diving-bell.

force of the great wave as it recoiled.

Paying little regard, initially, to his injuries, Isambard refused to leave the works and immediately ordered the diving-bell again. Prevented from walking by the injury to his knee, he directed Gravatt's inspections of the damage while lying on a mattress on the diving-bell's barge.

Despite Isambard's extraordinary—yet typical—devotion to his duty immediately after the accident, his injuries were severe:

not only had his leg been damaged but, it was later discovered, he had internal injuries so grave that he needed a long convalescence. This was made longer, as he admitted himself, by 'returning too soon to a full diet' while recuperating in Brighton. The result was that on February 8th, to his great annoyance, he suffered the first of a series of haemorrhages and was (in his own words) 'laid up, quite useless' for more than three months.

*B*runel's 'fortitude and determination'

Marc Brunel reacted stoically to the disaster. He immediately wrote to his company directors, expressing his certainty that the tunnel could be restored and completed. A reporter from the *New Times* said that '...far from giving way to that despondency, which some misdirected accounts have attributed to him, [he] appears to possess additional fortitude and determination'.

With Isambard laid up, Brunel took to the diving-bell in all the violence of the river in January to explore the hole. How much more severe the damage was this time than the last can be judged from the repairs: in the previous May 150 tons of clay had been sufficient to allow the pumps to make some headway in clearing the flooded tunnel; this time a total of thirty times that amount was to be dumped in the river-bed before further work could proceed.

And when darkness brought an end to the day's work at the waterside, Brunel was frequently obliged by the company directors to spend his evenings ploughing through the hundreds of hare-brained schemes for repairing or completing the tunnel that well-meaning members of the public were now sending in with renewed vigour. Not that he was without other work to think about: a floating pier at Blackwall and plans for the Oxford Canal were also demanding his time.

*P*rogress towards repairs

On January 21st pumping began. No sooner had some progress become visible, however, than new holes appeared over the head of the shield.

A month later, Brunel was planning to go and report to the Oxford Canal Company in Leamington when Gravatt carelessly went absent from the riverside scene on a critical day. Brunel therefore appointed his less-experienced, but evidently more responsible assistant, Beamish, to be in charge while he was away. This was too much for Gravatt, who resigned. Isambard, too ill to help his father repair the tunnel, was nonetheless sufficiently recovered to use his charm and diplomacy to persuade the aggrieved assistant eventually to stay.

By the end of March the dumping of clay was gradually producing the desired effect and the pumps were winning the battle against such water as was still seeping in. The shield could now be approached from inside the tunnel. In May the workmen were able to begin clearing silt, debris and flotsam from the archway and from the cells of the shield, and on May 26th, Whit Monday, a large number of visitors, keen as ever to inspect the work, were shown into the re-decorated western arch. The restoration of the shield could now begin.

P*roblems with finance*

A fortnight after the disaster a meeting of the shareholders learned from the board of directors that there was only £21,000 left for the continuation of the work. Brunel reiterated his complete confidence in overcoming future problems underground, provided there were adequate funds to do so. The first 'irruption' had not ended the tunnel's progress—it had since been extended another 52 ft to within 25 ft of the middle of the river—so why should this one? The meeting was subdued, but it closed without blame being laid at Brunel's feet, and at the end of it he went off to devise new estimates for the tunnel's restoration and completion.

At a second meeting on March 4th an engineer called Francis Giles surfaced with a proposal to take over from Brunel himself and complete the tunnel as a single thoroughfare for pedestrians only. Giles had made an earlier bid to oust Brunel from the project after the first disaster, which had found favour for a while, particularly with the chairman, William Smith.

This time the subscribers rallied immediately to the support of the inventor of the shield: whereas Brunel's tunnel would be the 'pride of the Empire', the modified proposal would reduce it to 'a mere gimlet hole and a disgrace'. Meanwhile, other gimcrack schemes continued to pour in.

Giles might have disappeared, but the problem of further finance remained. A bill enabling the company to raise a further £250,000 in two stages received the Royal Assent in May 1828, and a committee of the company directors set about publicising and promoting a further issue of shares to existing shareholders to ensure, as far as possible, that this would receive a favourable reception and raise the full amount of money needed to complete the tunnel.

The Rotherhithe shaft and the tunnel under construction. Pumps can be seen at the foot of the shaft. Lift pumps sucked water from the working face while force pumps drove it to the surface.

Nineteenth-century illustrators worked from rough sketches made on site, which they finished off in their studios. Anything they hadn't recorded in detail was made up later. Thus, the steeple in the background is supposed to represent St. Mary's Rotherhithe, although it looks nothing like it.

Support from the Duke of Wellington

Not for the first time in Brunel's career the Duke of Wellington now stepped forward to use his considerable influence to boost Brunel's fortunes and declare publicly his confidence in the great engineer. At the public launch of the renewed call for investment he spoke at considerable length. There was no work, he said, upon which the public interest of foreign nations had been more excited. Men could not help seeing the benefit to the immediate neighbourhood and the neighbouring counties, let alone the great political, military and commercial profit that would be derived from the example of such a work.

After defending Brunel for overstepping his original estimate of the costs of the work, the Duke stated that altogether another £200,000 was needed and that if it were raised nothing would stop the tunnel being completed. The accidents, he said to applause, had only served to demonstrate the enterprise, genius and ability of the engineer who had conducted the undertaking and that the work itself was excellent. With a final appeal to their patriotic spirit, he assured those in the audience that, once completed, the tunnel would be 'durable in proportion as the honour of having completed it will be durable to this country' and he earnestly entreated their assistance to carry on 'this great work'.

Those present, including the Duke himself, hurried to subscribe. Brunel was most gratified by the meeting, and *The Times* and the other papers were generous in reporting it.

Yet the optimism was short-lived. As the country had wound down from years of waging war against the French, the peace that followed had brought an economic slump from which it had not yet recovered. The victory at Waterloo had put an end to Brunel's earlier boot-manufacturing enterprise and it now looked set to do the same to his tunnel.

The project still excited the interest of the general public, but not even promise of the eventual profits held out by the Iron Duke could exhort them to put their money into it. Three weeks after his call for investment the subscriptions totalled a paltry £9,600, less than a twentieth of the money needed.

*T*he tunnel bricked up

The tunnel, and with it the shield, were bricked up and Gravatt, Beamish, the miners and the bricklayers were paid off. Brunel's diary for August 9th 1828 contains the sad entry: 'Saw the last of the frames!!!'

'The tunnel is now blocked up at the end...' wrote Isambard. 'A year ago I should have thought this intolerable...now it is come—like all other events—only at a distance do they appear to be dreaded.'

A large mirror was mounted on the new wall, giving the illusion to the sightseers who would continue to be admitted of the continuous archway which Brunel still hoped one day to see completed.

At the end of October Brunel and Sophia set off for France, leaving Isambard with the none-too-serious responsibility of maintaining the tunnel. On his return, he had more meetings with the directors, but derived greater pleasure from going back to his drawing-board, taking time to exclaim in his diary: 'Engaged on shield!'

The tunnel meanwhile became, at home at any rate, the object of considerable scoffing. *The Times* had taken to calling it 'the Great Bore', and the poet, Thomas Hood, in his *Ode to Monsieur Brunel* facetiously advised the engineer to turn the tunnel into a wine cellar!

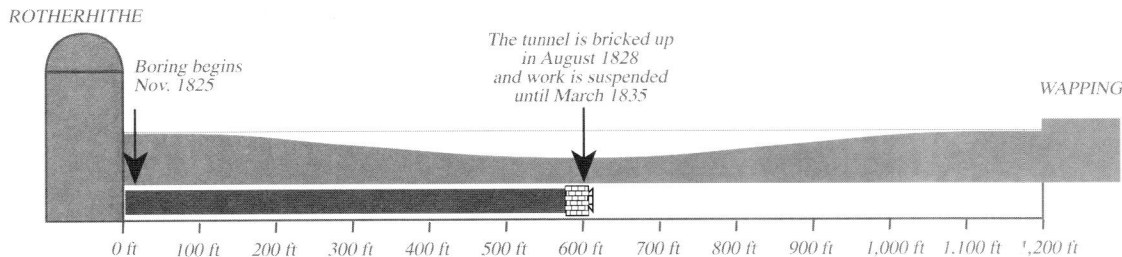

ROTHERHITHE

Boring begins Nov. 1825

The tunnel is bricked up in August 1828 and work is suspended until March 1835

WAPPING

0 ft   100 ft   200 ft   300 ft   400 ft   500 ft   600 ft   700 ft   800 ft   900 ft   1,000 ft   1,100 ft   1,200 ft

*F*inishing the Tunnel

*W*illiam Smith tries to oust Brunel

All tunnelling had stopped, but from January 1829 onwards, Brunel worked hard at improving the design of the shield, lobbying support for restarting the tunnel and petitioning the government for the finance which was not forthcoming from the public.

He spent a great deal of energy trying to overcome the obstructions of William Smith. The chairman of the directors took the view that, with Brunel in charge of the tunnel, the government would never lend them any more money; he was determined, in fact, to prevent it doing so. Doing his best to sever Brunel from any further involvement, he advanced plans of another engineer. Fortunately, the shareholders were wary of Smith and on the basis of independent professional advice they rejected his proposal and voted that only Brunel's plan be considered.

So far so good. But when the shareholders instructed the directors to apply for a government loan they were in for a shock. On July 2nd it emerged in Parliament that the company had already been offered a loan of £250,000 *but had declined it*. It was Smith who had done the deed and, worse, he had concealed it from the rest of the company.

Smith had also told lies about Brunel to his allies in Parliament. Brunel patiently undid the damage and had a further clause added to a forthcoming Bill, effectively allowing the Tunnel Company to draw on the Exchequer Loan Commission fund. The Bill received the Royal Assent in September 1830.

At their next meeting the shareholders, wise to Smith's stratagems, prevented him from taking the chair and instructed the directors to ask the Exchequer for a loan. Brunel spent the next few weeks preparing documents to support the application.

The heart attack that he suffered at the end of November 1831 was not the last misfortune of the year: on December 20th the company's application for a loan was rejected. Negotiations continued, but to Isambard, at least, they were merely the tunnel's death throes. 'Tunnel is now, I think, dead…', he wrote; 'It will never be finished now in my father's lifetime I fear…'.

Brunel did not share his son's gloomy view of the tunnel's prospects and as 1832 came in he turned his thoughts to the Thames Tunnel Company's forthcoming A.G.M.

If Smith continued as chairman it would be doubtful whether Brunel could ever complete the tunnel, but the meeting in March offered a chance to remove him. Brunel paved the way by sending to all the shareholders a letter that described in full the disgrace of Smith's furtive attempts to block a government loan.

The March meeting was decisive: Smith, to the general relief, was voted out. G. H. Wollaston, an old friend of Brunel, became chairman and Benjamin Hawes, the engineer's son-in-law, deputy chairman. Now at last Brunel could count on strong and sympathetic support in the toils which undoubtedly remained.

Other interests besides the tunnel

Even when he was not occupied with the future of the tunnel, it was not in Brunel's nature to sit idle. He revisited France, looking up old friends of his and Sophia's; he travelled extensively round England, visiting and admiring the work of other engineers and architects in cathedrals, docks and canals; and he undertook projects, including a bridge across the river *Lea* in Cork; he conducted experiments with a gas-engine (a long-standing but finally disappointing joint project with Isambard), with a new type of bridge arch and with ship construction. His journal continually shows the keen interest with which he followed the progress of his fellow inventors: Lord Cochrane and his patent for tunnelling using pressure, and Babbage's calculating machine, an early form of computer ('truly admirable', wrote Brunel). He gratefully accepted the honours which, even without the achievement that would crown his life's work, were heaped on him in recognition of all that he had done so far. To his own country's highest civil distinction, the *Légion d'Honneur*, and awards from Caen, Rouen and Stockholm, was added election, in November that year, to the Council of the Royal Society, the oldest and most important scientific society in Britain.

Opposite page
Artist's impression of the Thames Tunnel

This page
Above left: *The Thames Tunnel in use as a passenger thoroughfare*
Below left: *The Channel Tunnel, longest undersea tunnel in the world*
Above: *Disaster strikes workers at the tunnel face of the Lötschberg railway tunnel in the Swiss Alps when a river bursts through the tunnel roof*

It was the tunnel, however, which remained his long-term preoccupation. In May 1833 he even visited King William IV to talk about it. They conversed in French and Brunel gave the monarch an illustrated presentation booklet. The engineer then moved his office to Parliament Street in Westminster. Here he would be closer to the seat of government, and it was obtaining the government loan that was now the key to restarting the work.

Rejection follows rejection

To petition successfully for a loan had been no straightforward procedure up to now, and even after the removal of the obstructive William Smith there were still to be a series of setbacks.

The last petition had been approved by Parliament on February 15th 1833, but, with insufficient funds at their disposal, the Loan Commissioners rejected it.

The Annual General Meeting of March 1834 voted to press another petition for a loan, but this time, on March 18th, Parliament rejected it. The company made arrangements to present it again at the next

available Parliamentary opportunity but a quite unexpected misfortune occurred:

'April 29th: The tunnel petition was to have been presented this day by Major Beauclerk, but how it happened I know not, the petition was mislaid, and all our hopes frustrated again notwithstanding the assurances we have from every quarter of support.'

Brunel's mildness and restraint in describing the careless waste of such an important opportunity speak volumes about his gentle nature.

The battle was almost won, however. In mid-June Beauclerk presented the petition at last, and the House approved it. While waiting to hear of the decision from the Treasury, Brunel and Sophia went off on their travels again. They returned in mid-November and Brunel again set about improving the design of the shield. At last, on December 5th, the Treasury made over £30,000 to the Thames Tunnel Company— the first instalment of the long-awaited loan.

Plans for restarting the tunnel

Now that the tunnel was to begin to get

closer to its destination at Wapping Brunel planned to ease its progress by transferring some of the services to that side from the southern shore: the supply of air to the tunnel would be fresher and drainage of water seeping into the workings would carried out more effectively from the nearer side.

Brunel also proposed that the company buy its own diving-bell—until now it had borrowed one as needed—with which he would survey the river-bed ahead of the tunnel. Clay and gravel would be dumped wherever the river-bed showed signs of a depression, preventing the disastrous 'irruptions' of the kind that had occurred before whenever unforeseen valleys in the river bottom brought it too close to the head of the shield.

The new shield, too, would be an improvement: closer to the idea in Brunel's original patent, with extended staves at the top and sides to overlap with the tunnel brickwork and support the unbricked section of the roof when a frame was moved forward.

Sadly, his planned improvements, apart from those to the shield, were to come to nothing. The obstacle lay in the Treasury's conditions for its £270,000 loan: the terms stated that the money was to be 'solely applied for carrying on the tunnel itself' and that 'no advance should be applied to defray any other expenses until that part of the undertaking which is most hazardous shall be secured'.

Though Brunel and the directors of the company tried long and hard, nothing they did could persuade the Loan Commissioners to see the wisdom of his plans. Their only concessions were for building an improved shield (there was no question of using the old one in any case, as it had been bricked up and rusting for the past seven years) and buying a boat, the *Ganges*, from which to drop the clay filling onto the river-bed. The firm of Henry Maudslay, maker of the original shield, was asked to quote for the new one, but in the event the price offered by the Rennie Brothers' firm was lower and, for once, Maudslay's firm failed to win a Brunel order.

Isambard's fortunes had improved considerably in the past seven years. By now he was too busy surveying the line of his Great Western Railway and ushering the Great Western Railway Bill through Parliament to resume his post of engineer-in-charge, and it was to Richard Beamish, his former assistant, that the position went in January 1835.

*R*e-opening after the shutdown

Below ground, in the tunnel, there was much to do: rotten timbers in stairways, stages, waste-trucks and hoist had to be replaced; ropes, too, had rotted; the steam-engine and pumps had to be overhauled, the brick wall had to be demolished, and so on. Dismantling and removing the old shield got under way at the end of August, yet such was the strain of the work in this oxygen-starved environment that in October Beamish and two of his three assistants fell ill.

But by the end of the year Brunel was pleased with the achievements. 'We have done wonders,' he wrote in his diary, 'in having accomplished so much without any accident…may we be as fortunately circumstanced at the end of the year 1836. Thanks be to God!'

*T*he see-sawing progress of the tunnel

Such was the complexity and the weight of the new shield—it was more than 50 tons heavier than the old one—that the new year was almost three months old before it was assembled. But tunnelling quickly started and a month later 15 ft of new tunnel had been built; by the end of April the rate of progress was 4 ft 6 in. per week.

But before long there seemed to be problems at all levels of the workforce. The rate of advance fell back to 2 ft 6 in. per week and the bricklayers were often in the local pubs, too drunk to report for their shift.

In August Beamish, who had failed to get the sixty per cent pay rise he had asked for, offered his resignation. Then Brunel heard that two of Beamish's assistants, Page and Gordon, would refuse to serve under anyone else, so Page was appointed Acting Engineer, while Gordon, despite a salary increase, left anyway.

In addition, it came to light that the assistants were not using the shield in the correct way. This caused parts to fracture and break, which, in turn, made some frames drop below their proper level, hindering the tunnel's ascent. Following this there were problems with the drainage. Nonetheless, Page proved a worthy resident engineer and by December 1836 progress since his appointment had risen again, to an average of 4 ft per week.

Frequent vomiting and occasional unconsciousness

In the new year, however, this progress was not maintained: miners, foremen and assistant engineers alike fell sick, thanks to the influx of water. By February it was coming in at a rate of 230 gallons per minute, whereas 100 gallons was a more usual average figure, and to pump it away was a major problem. When the water was not full of silt, which jammed the legs of the frames and damaged the pumps, it bore even more gas, which caused frequent vomiting and occasional unconsciousness.

A Professor Taylor of Guy's Hospital analysed a sample of the water and wrote a report. He was to some extent already familiar with the symptoms that it caused, for throughout the history of the digging it was to Guy's Hospital in east London that the men had gone for treatment. Professor Taylor found the water to be contaminated with two or three per cent sulphurated hydrogen gas. In time, he wrote, breathing this would cause 'nausea, loss of appetite, great feebleness, tremor of the limbs and general wasting of the body'. And, as if to reinforce Brunel's argument before tunnelling restarted, Taylor's report went on: 'The most effectual means of purifying the air would be…a communication with the northern shore so that there might be a continual current through the tunnel.'

'Vomiting flames of fire'

From June Brunel's journal carries frequent reports of an alarming and highly dangerous phenomenon, which was familiar in collieries but which had not been reported in the tunnel before: gas explosions, known to coal miners by the name 'fire damp'.

'June 17th. The gas, collected under the tails of number 8 [frame], exploded on the approach of a light.'

'June 28th. The gas…ignites frequently, that is at every tide—sometimes with violence. One man was burnt—singed.'

'July 4th. The explosions have been more violent than before and the ignition excessively heating—work could not proceed.'

The type of 'ignition' evidently varied.

Sometimes there was a sudden sharp explosion, at other times a continual fire, which on one occasion burned for three and three-quarter hours. A report that Brunel received from Thomas Page described it vividly:

'July 14th. While number 2 [frame] was blowing out torrents of water, number 12 was vomiting flames of fire, which burned with a roaring noise—in less than three minutes it melted the side of a pint pot partly filled with water.'

If the solution lay in better ventilation, the Treasury, while happy to continue instalments of the loan, was not persuaded to apply the remedy and nothing was done. Brunel, persistent as ever, proposed to sink the shaft on the Wapping side, put a second shield in place and start tunnelling southwards. He argued in detail the savings that would be made if the miners could work at one face when conditions prevented them from working at the other. The directors supported his case and presented it to the Treasury.

In mid-July, after an alarming influx of water and gravel from one of the frames, Brunel took the precaution of having a second ramp built behind the shield in the eastern arch so that if a major flood occurred, the workmen could remain above water and escape in the direction of the Rotherhithe shaft.

*P*age prevents disaster

In the early morning of August 23rd there was some concern at the level of the water in the Tunnel. At 4 a.m. Brunel had come down to keep an eye on the situation but at 9 a.m. had returned home. At midday his engineer, Thomas Page, asked for a last report before leaving the shaft to go to a directors' meeting. The assistant engineer told him that water was coming in rapidly through frames 11 and 12, and Page, abandoning his meeting, went down to the shield himself. So far the other frames remained dry, but he ordered them to be blocked up all the same and sent Brunel a note expressing his fear that the high tide that afternoon would bring a flood. Then he gave orders that the tunnel should be closed to visitors and that a raft should be prepared at the bottom of the shaft to ferry bricks and clay to the shield when the railway became submerged. Returning to the shield he found the inflow had all but stopped, but within a few minutes it 'burst out again with increased violence, and continued running again without any diminution'. By the afternoon more materials were needed to block the frames than the raft could carry, so Page ordered the dinghy from the *Ganges* to be brought down and used.

All afternoon the water fiercely outstripped the pumps and, as one shift relieved another, Page instructed the men to continue blocking up the frames. When he was satisfied that the men had done all they could to confine the breach to numbers 11 and 12 he ordered them to go up and he and his two foremen followed along the recently built ramp.

Page tried to make a further inspection of the shield by boat, but at his second attempt the water was surging in and it was time to make for the staircase in the shaft. By 5.30 p.m. the gas lamps near the shield were submerged, but the men lingered in fascination around the bottom of the staircase until Page again ordered them upstairs. 'Eventually,' he wrote later, 'when the water had risen to within fifty feet of the entrance of the tunnel, it came forward in a wave, and Mr Francis and Mr Mason, Williams and Fitzgerald and I who were at the bottom of the visitors' stairs, ran up to the second landing whence we saw it fill the bottom of the shaft, and from there [we] came up to the top.'

At an early stage in the disaster Page had realised the situation was serious, yet his capable management of the men meant they kept working without panicking and so prevented the flood from being very much worse. His evacuation had been, as the following evening's edition of the *True Sun* noted, orderly and without loss of life. It is no wonder that Brunel complimented him warmly on his action that day.

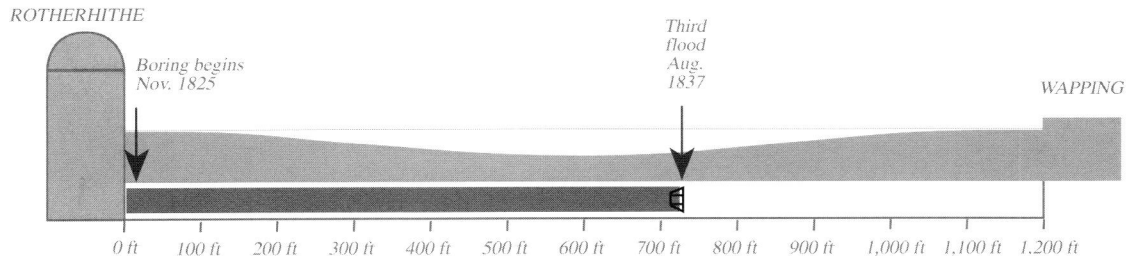

ROTHERHITHE

Boring begins Nov. 1825

Third flood Aug. 1837

WAPPING

0 ft   100 ft   200 ft   300 ft   400 ft   500 ft   600 ft   700 ft   800 ft   900 ft   1,000 ft   1,100 ft   1,200 ft

That evening, accompanied by Isambard, Brunel took to the river aboard the *Ganges*, and as soon as they had found where the clay was needed the repair work began.

The Treasury still unmoved

As usual in the face of a setback, the engineer was quite cheerful. Asked if he had expected this flood, he replied: 'Why yes. I have been honoured with two visitations of Father Thames during the first half of the work and I cannot hope to escape without one at least in the other'.

In all probability, the answer from the Treasury to the Company's proposal to start tunnelling southwards from Wapping came as no surprise either: 'Their Lordships ... cannot give their authority to proceeding in any other manner with the work than that which has already been sanctioned ...'. The shaft at Wapping would have to wait.

The workings were restored at speed: in three days the pumps got to work and eight days later they had finished. Then, nearly six hundred cubic yards of mud were removed. Tunnelling restarted on September 11th, but the gas continued to cause explosions or burned steadily, making the iron shield and the atmosphere exceedingly hot. When it was not burning, the gas was poisoning: there were more and more admissions to Guy's Hospital. Brunel again pleaded to be allowed to sink the Wapping shaft, but to no avail. The Treasury's policy on the tunnel remained, as one newspaper noted, 'one-sided'.

A worse flood

Thanks to the appalling conditions at the face, hundreds of man-hours were lost weekly and progress was painfully slow. The tunnel had proceeded no more than 6 ft 6 in. when the river came in again and in a much less controlled manner than on the last occasion.

Page was ill in bed and the assistant engineer, Francis, was on duty when a high tide in the early hours of November 3rd brought a run of sand through one of the frames. This increased sharply and was soon followed by torrents of water. The alarm was raised and in about five minutes the tunnel was filling up. A few seconds after Francis and three other men had reached the top of the shaft the water did so too, and with such force that it deposited a thick layer of mud in the street. Garland, a miner who had been asleep in one of the lower cells of the shield, was drowned, but at least seventy men had escaped and the tunnel, despite the force of the influx, was not damaged, to Brunel's satisfaction, 'beyond a few bricks'.

Once again, clay dumped over the head of the shield stopped the leak and in little more than a week the tunnel was clear.

Still the Treasury refused to allow any of the loan to be diverted to sinking the shaft at Wapping, so Brunel arranged for a new shipping channel to be dredged south of the present workface, closer to the Rotherhithe side, so that neither ships nor their anchors should disturb the river-bed over the shield. He also made changes to the poling boards at the 'cutting edge' of the shield. Originally designed to hold up a solid face, they were actually having to hold back liquid mud, so he fitted each with latches, which in effect meant that the boards formed a continuous, rigid barrier.

During the remaining two weeks of December the tunnel grew longer by ten feet, matching the total progress made in the first five months of the year. Even so, Brunel calculated the average progress in 1837 to be just nine-tenths of an inch per day. With the men aboard the *Ganges* dumping bags of clay over her side for all they were worth, the shield went steadily ahead from the dark, icy days of January until the onset of spring in mid-March. By March 20th the tunnel's length had reached 775 ft and the face was now less than 150 ft from the low-tide mark at Wapping. But still there was more trouble to come.

'Run! Run!'

Richard Fletcher had been appointed assistant to Page in January 1838. On the morning of March 20th he was inspecting the upper faces of the shield as he finished his night shift when he noticed water seeping in through frames 11 and 12. Suddenly, with no more warning than a loud rumbling noise, a torrent of water gushed out from frame 11. 'Run! Run!', went the cry, and Fletcher, the bricklayers, labourers and the few miners present rushed up the western arch. Williams, the miners' foreman, followed and at the foot of the shaft he met some other workers who had come down from above to see what was the matter. Together they went to see if they could block up the leaking frame; but before they had got half way they found that it was hopeless: a wave of water and timber debris was bearing down on them fast. They turned back and all got up the stairs in time to join their comrades in safety at the top. In 15 minutes the tunnel was full—for the third time in 26 ft of tunnelling.

The breach in the river-bed was sealed in the customary way and ten days later the shield was reached. On inspection of the offending frame Brunel found that several of his new latch bolts were fractured and decided that this was how the water had come in.

A mere three weeks after the irruption all the mud had been cleared and tunnelling resumed: Brunel went down to watch the work begin and the men on the shift gave him a cheer. 'Most gratifying indeed', he wrote.

'*A greater number of men disabled that at any time before*'

With the onset of warmer weather the effect of the gas in the tunnel began to be felt more acutely. Brunel's diary for 1838 records one distressing instance after another:

'May 4th. The effluvia was so offensive that some men were sick on the stage.'

'May 9th. Gas is particularly offensive… Mr Mason ill—he made his report to me of sickness, headache and weakness. Three assistants are ill…'

'May 16th. Much gas…the inflammable gas. Men complaining very much…Mason, who is returned, is in good spirits, but Francis is very bad.'

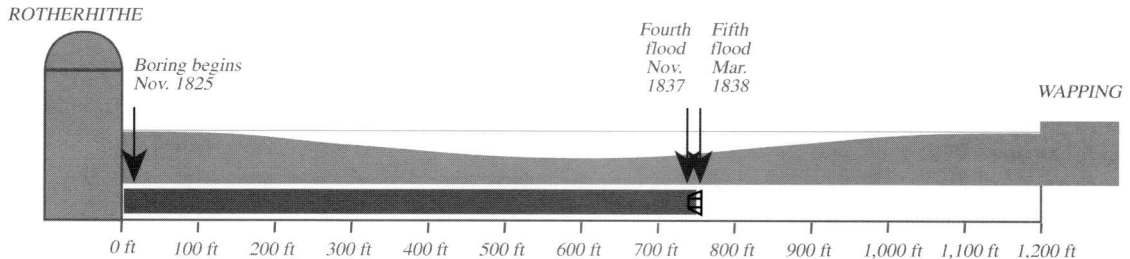

ROTHERHITHE

Boring begins
Nov. 1825

Fourth flood Nov. 1837

Fifth flood Mar. 1838

WAPPING

0 ft 100 ft 200 ft 300 ft 400 ft 500 ft 600 ft 700 ft 800 ft 900 ft 1,000 ft 1,100 ft 1,200 ft

'May 17th. It appears that there is a greater number of disabled men than at any time before. I feel very much weakened by the inspection I made at the shield.'

'May 23rd. Minall is reported to be very ill. I gave directions accordingly for his successor.'

'May 24th. During the night Mr. Francis said that the gas burned fiercely and with a roaring like distant thunder.'

'May 26th. Heywood died this morning [of typhus]. Page is evidently sinking very fast…It affects the eyes. I feel much debility after having been some time below. My sight is rather dim today. All complain of pain in the eyes. Dixon has reported that twice in one shift he was completely deprived of sight for some time.'

'May 28th. Wood, a bricklayer, fell senseless to the floor. The assistants complain of being affected in different ways.'

'May 29th. Short…reported himself unable to work. Afflicted like Huggins and all the others…Bowyer died today or yesterday, a good man.'

'June 4th. Sullivan—sent him to hospital, he being almost blind. Williams, the foreman of the first shift, gone. The men, the best men, are very much affected.'

On June 10th a workman called Williams, whose behaviour had not been normal since the flood on November 3rd, had to be taken to a lunatic asylum 'as being too dangerous to be left out of doors'.

At the end of November Brunel took to his bed for three weeks himself. It was not so much the conditions in the tunnel which affected him as the strain of getting up every two hours throughout the night to check the state of the works. When restored he applied yet again to the Treasury to be allowed to build the Wapping shaft. Yet still the Treasury remained adamant.

The tunnel reaches the low-water mark

August 22nd 1839 was a momentous day: the tunnel reached the low-water mark on the Wapping shore. The men who had been employed to lay down bags of clay onto the river-bed were brought back into the tunnel and this, plus some improvements to the tunnel ventilation, brought the rate of progress during October to nine feet per week. This excellent rate of progress was

The ingenious Mrs. Brunel

Sophia was seriously concerned by the toll the work was taking on her husband's health. Ever since the resumption of the work he had awoken every two hours to go to the tunnel office near the house and check the latest report. In April 1839 Brunel had celebrated his seventieth birthday and the constant working, day and night, would have taken its toll even of a young man's health. In June his wife was able to effect a modest but ingenious contribution to increasing her husband's nightly sleep: she organised a pully, a cord, a bucket and a bell outside the bedroom window. When the bell rang and woke him, Brunel pulled up the bucket on the end of the rope; he inspected the latest samples of earth and the night assistant's report, put any instructions of his own into the bucket, sent it down again and hoped to be asleep before it reached the ground.

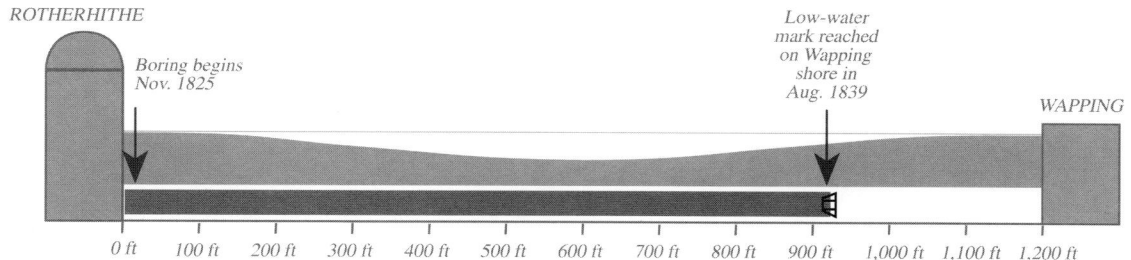

ROTHERHITHE

Boring begins
Nov. 1825

Low-water
mark reached
on Wapping
shore in
Aug. 1839

WAPPING

0 ft   100 ft   200 ft   300 ft   400 ft   500 ft   600 ft   700 ft   800 ft   900 ft   1,000 ft   1,100 ft   1,200 ft

maintained through January and February 1840, despite exceptionally heavy winter rain, which brought spring water into the tunnel. On April 3rd 500 gallons a minute were pouring in and the next morning an unlatched poling board gave way and 'with a sound like the roaring of thunder' an avalanche of gravel, slush and rocks came driving through the shield by the ton. With the lights out all around them the miners bravely stood their ground and managed to staunch the flow. This time, the damage could be seen above ground too: corresponding to the influx below, there was a hole in the Wapping foreshore, 13 ft deep and 30 ft across.

Another red-letter day occurred on June 11th. Brunel took possession of the land for the Wapping shaft. Over the summer the land was cleared in preparation and in September the Rennies' firm delivered the iron curb; for this shaft was to be sunk in the same way as the first one.

*T*he continual problem of money

The crises were not over yet, however: the government loan amounted to £270,000. Of this £190,000 had now been spent and Brunel estimated that the shaft would cost £60,000. The directors panicked and produced a flurry of sackings. Brunel's loud protests secured a temporary compromise of sorts and the building of the tower began. In mid-November work on the tunnel stopped 45 ft short in case it disturbed the sinking of the shaft. 'I am truly happy to say that my arduous enterprise is drawing to a conclusion', wrote Brunel. At the end of November Mason, assistant to Page, was dismissed and the directors told Page and Brunel himself that they were unlikely to be paid after March 25th.

There were problems even with sinking the shaft: Rennie Brothers fell behind in building the steam-engine, and this put the excavation for the shaft behind; in January the river iced over and the earth could not be removed by barge, so all work came to a standstill.

As the winter ended things improved: Brunel, Page and Mason were re-employed and the Thames Tunnel Company's Annual General Meeting on March 2nd was buoyant with the prospect of both tunnel and shaft being completed soon and revenue from foot passengers beginning to show a return.

*B*runel knighted

On March 24th 1840 Brunel was publicly rewarded with the first official recognition of his achievement from his adopted country: a knighthood from Queen Victoria. He expressed his pleasure at the honour with restraint—in his journal at least:

'24th. Levee of the Queen! Today Her Majesty was pleased to confer on me the honour of knighthood as Sir Isambart [*sic*] Brunel.'

There was still work to do. In May a drainage and ventilation tunnel of small diameter was cut from a point under the main tunnel to beneath the new shaft. There was now a complete passage under the *Thames* and in June Brunel's grandson, Isambard, aged three, was given the honour of becoming the first person to pass right under the river from shore to shore, followed by his father, his grandfather and the directors of the Thames Tunnel Company.

*T*he tunnel reaches *Wapping*

There had been some problems attached to completing the sinking of the Wapping shaft: the directors, in their continuing concern to save money, refused to purchase any more than the barest minimum of land on the northern shore. This meant, as Brunel pointed out to them, that the shaft would be perilously close to a dense area of flimsily-built and dilapidated buildings, many of them with little or no foundations. As so often throughout the troubled progress of this great enterprise, Brunel's judgment was proved right: as the shaft sank, subsidence took its toll and cracks appeared in the adjoining properties (*see p. 53*). The Thames Tunnel Company was then obliged to pay compensation to the owners for the damage.

As the Wapping shaft had now descended to meet the drainage tunnel, the shield could begin to move forward again without risk of damaging it. The tunnel progressed well in July, though the pumps were constantly draining water, which was flowing in at up to 450 gallons per minute. Shield and shaft were now within feet of each other and the downward pressure of the latter caused considerable damage to the shield, which still had to be repaired to prevent a collapse.

At last came the day when Thomas Page came up from the tunnel on the Rotherhithe

side and excitedly carried to the Brunels'
house only yards away some red brick dust
excavated at the shield: the tunnel had
reached the shaft!

It was November 16th 1841. Since the
day when the digging of the tunnel had
begun, sixteen years had passed and, as
Brunel wrote to his friend Charles Babbage,
'numberless difficulties of the most
formidable character' had been overcome.

To his friend James Howard he wrote that
the enterprise

'has been one of inconceivable labours,
difficulties and dangers…In fact, the four
Elements were at one time particularly
against us; *Fire* from the explosive gases, the
same that are fatal in mines; *Air*…by the
influence of which the men most exposed
were sometimes removed quite senseless;
Earth from the most terrific disruptions of the
ground; *Water* from five irruptions of the
river, three of which since the resumption of
the work in 1836!'

*M*aking ready for the *passengers*

The great shield's work was done. A few
weeks later the frames were moved into the
shaft and piece by piece they were hauled to
the surface. Brunel wanted it all preserved.
A letter that he wrote to the directors makes
it clear that he would have liked to make the
shield the centrepiece of an exhibition or
display about the Tunnel's construction:

'Although in a merchantile point of view its
[the shield's] value is no more than that of the
old material, it will be gratifying to me and
interesting to all those who seek information
upon the construction of the tunnel, and were
I in possession of it I should endeavour to
make such arrangement as would effect this
object which would be rendered more
instructive by the numerous documents on
the progress of the works in every branch of
the service which are in my possession.'

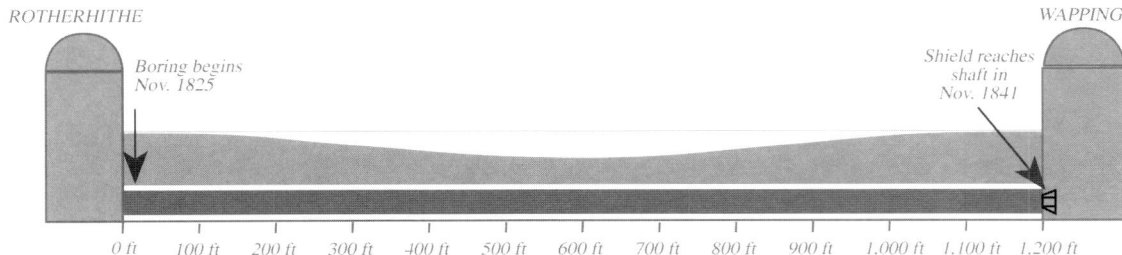

ROTHERHITHE

Boring begins
Nov. 1825

Shield reaches
shaft in
Nov. 1841

WAPPING

0 ft   100 ft   200 ft   300 ft   400 ft   500 ft   600 ft   700 ft   800 ft   900 ft   1,000 ft   1,100 ft   1,200 ft

Artist's impression of the tunnel entrances from inside the Rotherhithe shaft. The artist has exaggerated the grandeur and dimensions of the tunnel entrances by making the figures in the drawing half as tall as they should be

between the tunnel and the shaft. This took a couple of months to correct and it was not until August 1842 that the Wapping shaft was fitted out. Sightseers were then admitted for the first time to the tunnel's northern end.

Brunel should have been able to relax now that what he called 'my arduous enterprise' was coming to an end. Instead, the strain of having to argue with the directors about all the relatively minor details that remained took its toll, and on November 7th he suffered a stroke which paralysed his right side.

During his absence from the scene it was up to Isambard to put the case for engineering sense to the company directors in some matters that remained.

By March 1843 Brunel was well enough to resume an active interest in affairs and that month's annual general meeting of shareholders voted him 'cordial thanks and congratulations ... for the distinguished talent and energy and perseverance evinced by him in the design and construction and completion of the Thames Tunnel, a work unprecedented in the annals of science and ingenuity and exhibiting a triumph of genius over physical difficulties declared by some of the most enlightened men of the time to be insurmountable.'

But the directors needed the money too badly, so they would not agree to Brunel's suggestion. The shield was sold for scrap, like its predecessor, and raised £900.

The paraphernalia of the tunnel's construction were steadily dismantled and removed and the tunnel was made ready for the foot passengers who would use it: it was paved and tiled throughout. Permanent staircases and landings were built in the whitewashed shafts, and pumps installed to deal with the small amount of continuing infiltration. There were problems with leaking in the tiny gap that had been left

Brunel was away from London on July 26th 1843 when, with little warning, as was her right and apparently her custom, Queen Victoria suddenly decided to pay a visit by royal barge to see the tunnel. It was her husband, Prince Albert, who had launched the Great Britain and he had returned so full of admiration for the mighty ship built by Isambard that the Queen decided it was time to see for herself the great achievement of his father.

She and Prince Albert and their small entourage, which included the Duke of Saxe-Coburg and Gotha, Princess Clementine and Lord Byron, were met by a party of tunnel company directors. Thomas Page, the resident engineer, stood in for Brunel and walked at the Queen's side from Wapping to Rotherhithe and back. To him she expressed her admiration for the tunnel, adding: 'I had hoped Mr Brunel would be here'. Brunel, too, when he heard of the royal visit, regretted his absence, but he had not received word in time to return. 'Otherwise', he wrote to the tunnel company secretary, 'I should certainly have gone up to receive Her Majesty in my own domains'.

The party can be seen alighting from the royal barge at Wapping. An interesting detail of this contemporary illustration is the scaffolding on Irving & Brown's Coal wharf (top right). The building suffered subsidence as a result of the sinking of the Wapping shaft, and the Thames Tunnel Company had to pay compensation to the owners of the building.

Postscript to the story of the tunnel

The Thames Tunnel after Brunel

Marc Brunel's Thames Tunnel was a landmark in engineering which was to prove an inspiration to succeeding generations of tunnellers. Unfortunately, like many other pioneering projects, the tunnel showed the way, but failed to realise its original objectives. The 40 ft wide spiral roadway approaches that would have enabled vehicular traffic to use the tunnel were never built.

Although discussion about them continued even after the engineer's death, the problem remained a circular one: the tunnel was not profitable so no-one would venture to develop it any further. Yet until the carriageways were built, the tunnel would never be profitable.

Also, the tunnel's use as a pedestrian subway in competition with the ferry boats that plied from shore to shore was inhibited by the long stairways; at Rotherhithe, over one hundred stairs up and down, and at Wapping ninety-nine stairs each way.

In the years following its opening the tunnel was filled by day with stalls selling cheap fripperies but by night became the haunt of prostitutes and of down-and-outs in need of a free shelter.

Solving the traffic problem

In the meantime, the traffic problem on the roads did not go away and the need for another *Thames* crossing to relieve London Bridge and speed journeys for horse-drawn vehicles became more and more acute.

By the end of the 1860s one third of the population of London (one million people) was living to the east of the bridge. But despite this growth, London Bridge was still the nearest crossing for the East End. Quite simply, something had to be done.

In 1869, forty-six years after the start of Brunel's tunnel, another tunnel under the

Thames was begun. Designed as a narrow-gauge, cable-hauled railway with a single coach, the 'Tower Subway' was a long way indeed from the scale of Brunel's ideas. It was opened in August 1870, but closed within months to re-open as a subway for pedestrians. As may be imagined, it gave small relief to the traffic problem, and between 1874 and 1885, no fewer than thirty petitions were submitted to the Corporation of the City of London asking for a new bridge to be built.

In 1876 the Corporation set up a committee to review the possibilities for a new crossing east of London Bridge and in the next ten years it considered almost thirty proposals: for high-level bridges, low-level bridges, ferries and a tunnel, grandly presented as a 'sub-riverian arcade'.

A 'bascule' bridge

One problem to be solved, and which may have influenced Brunel to undertake a tunnel rather than a bridge, was how a new crossing would allow tall ships to pass upstream to the Pool of London. Sir Horace Jones, the City Engineer, proposed a 'bascule' bridge: that is, a bridge divided into halves (the 'bascules'), the adjoining tips of which would rise—and part—as their opposite ends sank. Its engines would be powered by steam. In 1885 Parliament passed the Act authorising the construction of Tower Bridge and work began the following year, carried out by Sir John Wolfe Barry, with the assistance of Isambard's son, Henry Marc Brunel, who supervised the calculations and details of the structure.

In the first year of the bridge's existence the river traffic was such that it was raised 6,160 times while by road an average of eight thousand horse-drawn vehicles and sixty thousand pedestrians crossed it daily. It is a tribute to the far-sightedness of Marc Brunel that, had he been allowed to complete his tunnel, it could have coped quite happily with traffic on that scale, and Tower Bridge need never have been built. Magnificent though it was, Tower Bridge, was never more than a compromise solution as vehicles were constantly being held up by ships.

Meanwhile underground...

1846 was to mark the third great investment boom in railways in the nineteenth century, so, perhaps not surprisingly, in that year the use of the tunnel for rail traffic was first mooted. Marc Brunel is said to have Tunnel Company. After a favourable recommendation by a House of Lords committee, the East London Railway Company was

Northbound train on the East London line shortly after the opening of the line in 1869

approved of the scheme, which was being enthusiastically promoted by William Hawes, the then chairman of the Thames incorporated by an Act in May 1865. The company's remit was to build downstream of London Bridge a line which would connect with all the railways entering London north and south of the Thames. The East London Railway Company's prospectus of June 1865 claimed: 'The East London Railway will complete the Metropolitan system of railways recommended by the Joint Committee of both Houses of Parliament in the Session of 1864'.

The famous tunnel was sold to the East London Railway for £200,000 and was formally handed over on September 25th 1865. Work to enable the tunnel's use for rail traffic commenced and a contract was placed for the construction of two and a half miles of line. Operating between Wapping & Shadwell Station and New Cross, the East London Railway opened for public traffic on 7th December 1869. The East London Railway was to experience an eventful and chequered existence marked by acute financial vicissitudes and numerous changes of management. After terminal financial difficulties the East London Railway was put into the hands of the receiver in 1878. Subsequently, the company's operations came under the control of the East London Railway Joint Committee, a régime which was to last from 1882 to 1949. Throughout all the problems of the East London Railway

Marc Brunel's tunnel continued to serve the needs of his adopted country. In the second world war the area around the East London Line suffered severely from bombing. On the night of September 11th 1940, high-explosive and incendiary bombs set fire to buildings adjoining Wapping Station, and the station's surface buildings were destroyed. Nevertheless, the railway continued to work, and during the period leading up to D-Day, vast quantities of armour and ammunition passed to the forward assembly areas through the tunnel, demonstrating the foresight shown by Dodd 142 years earlier with his vision of a 'grand uninterrupted line of communication in the south-east part of the Kingdom'.

When the railways of Britain were nationalised in 1948 the East London Railway became part of the London Transport railway system. Nearly 150 years after its opening Marc Brunel's tunnel continues in daily use as a safe and dry thoroughfare under the Thames for passenger rail traffic.

*W*here Brunel's tunnel led

Tunnelling was probably man's first exercise in engineering. The reinforcement and extension of his home would have been an essential activity for a cave dweller and indeed the remains of Stone Age victims of tunnel collapses have been found, together with their tunnelling implements. Since then, the uses and requirements for tunnels have developed in accordance with society's needs, and now, tunnels are used for drainage, sewerage and the transport of water, gas, people and goods.

As a civil engineering activity tunnelling can be divided into two categories: hard-rock tunnelling and soft-ground tunnelling. In hard-rock tunnelling the objective is to produce an opening—the tunnel—in what is usually a rock mass by breaking out and removing fragments of rock. Here, the main problem facing the engineer is the task of removing the rock to form the excavation. Once the excavation has been formed, however, it can usually support itself, providing the rock mass is reasonably uniform and homogeneous. By contrast, the excavation process in soft-ground tunnelling is usually

easily accomplished, but the problem is to prevent the ground from collapsing into the tunnel.

Before Brunel, soft-ground tunnelling was carried by hand-excavation methods using spade, pick and shovel, followed by elaborate timbering to support the walls and roof of the excavation. Soft-ground tunnelling by these traditional methods was laborious and dangerous and certainly could not be carried out beneath the water-table in permeable strata. Brunel's pioneering achievement was to demonstrate that tunnels could be constructed in any soft ground, including the difficult and hazardous environments that prevailed under rivers, lakes and seas.

As we have seen, Brunel considered that his original design for a circular shield could not be implemented with the technology then available and therefore designed the rectangular shield which was used to construct the Thames Tunnel. As it turned out, the first shield in Brunel's patent of 1818 is more directly the ancestor of tunnelling shields as they developed than is his Thames Tunnel shield. In 1868, fifty years after Brunel's patent, Peter William Barlow, an engineer of some repute, patented his own ideas for a circular tunnelling shield. A year later, he was appointed engineer for the Tower Subway, although the man in charge of construction was James Henry Greathead, a young South African apprenticed to Barlow. The tunnelling shield for driving the Tower Subway was designed by Greathead, but was clearly inspired by Barlow's ideas.

The importance of the Tower Subway achievement bore a significance that extended far beyond the tunnel itself. Between 1896 and 1907 the deep tube tunnels of the London Underground were driven with what had become known as 'Greathead shields'. The idea of the cylindrical tunnel shield quickly spread abroad and other cities soon followed London's example in providing themselves with underground railways. Barlow and Greathead had demonstrated a safe and practicable method for soft-ground tunnelling which has served as a model for such tunnel construction all over the world up to the present day. The gigantic tunnel boring machines which have made possible such modern marvels as the Seikan and Channel tunnels can be seen to be the lineal descendants of Brunel's first shield design.

Unfortunately, space in this publication does not permit a comprehensive history of the subject, but we shall look briefly at some of the milestones in tunnelling between the creation of the Thames Tunnel and our great contemporary project—the Channel Tunnel.

The first railway tunnels

By far the greatest stimulus to tunnel construction was the dramatic growth of the railways in the nineteenth century. In the development of the railway system, simple economic considerations were the driving force for tunnels. When faced with a choice of building a line round a hill or tunnelling through it the railway companies had two reasons for taking the latter course. First, the cost of purchasing the land, and second, the increased running costs and journey time of the longer route. The once-only capital cost of a tunnel could, in many cases, be easily justified by the continuing extra running costs resulting from the longer journey time of a lengthy detour. As we saw in the last chapter, even Brunel's Thames Tunnel, conceived for quite a different purpose, was pressed into the service of the railways. Propelled by the railway revolution, tunnel construction made more progress in a few decades than it had in the preceding sixteen centuries.

French engineers can legitimately claim to have begun, in 1826, the construction of the very first railway tunnel: this was the Terrenoir tunnel on the single-track horse-drawn railway between Roanne and Andrezieux in central France. But work on the first steam-railway tunnel started in the same year in England on the Liverpool and Manchester railway. This was the Wapping tunnel running under the city of Liverpool between Liverpool Edge Hill and Park Lane station. The tunnel is 22 ft wide by 16 ft high, with a length of 2,250 yd, and was cut mostly through red rock, with some blue shale and clay. The designer and chief engineer was George Stephenson (who was yet to triumph with his famous 'Rocket' locomotive in the Rainhill trials of 1829). Despite some early difficulties (errors in the original survey resulted in the tunnelling operations causing severe subsidence to neighbouring buildings) the tunnel was satisfactorily completed in 1827.

One of the greatest pioneering achievements of the early days of railway tunnelling were the tunnels in the London–Birmingham railway. This line spans 112½ miles and passes through eight major tunnels with a total length of 7,336 yd. Master-minded by George Stephenson, all were built between 1834 and 1838 and many were epics of engineering skill, back-breaking labour and human sacrifice. One such example was Kilsby Ridge.

Successful opposition by the people of Northampton forced the London–Birmingham line further west than was originally intended and led to the building of the tunnel under Kilsby Ridge near Rugby. The tunnel is 2,400 yd long and runs at an average depth of 160 ft under the surface through ground which appeared to be shale or soft slate. Unfortunately, the ground also contained areas of quicksand, which had escaped the survey. Early in the construction extensive flooding occurred without warning, the men working in the tunnel miraculously escaping by means of a hastily improvised raft. The contractors gave up and George and Robert Stephenson took charge of the project. The pumping engines initially installed were unable to cope with the volume of water, and finally, specially large and powerful steam-pumps were ordered to be built. When these eventually arrived they operated day and night for eight months, but even this did not suffice and a further seven shafts were sunk and equipped with pumps before the water was finally conquered. Kilsby Ridge employed at one stage 1,250 men and two hundred horses and was finally completed in 1838.

From father to son

When Marc Brunel restarted work on the Thames Tunnel in 1835 he was forced to find a resident engineer to replace his son, for Isambard was by then engaged in one of his most famous feats of engineering—the Great Western Railway between London and Bristol. By May 1841 the railway was complete but for the final and most obdurate section between Chippenham and Bath. In addition to the crossing of the *Avon* at Bath, viaducts at Chippenham and Bath, and the diversion of the Kennet & Avon Canal, Box Hill had to be pierced with a tunnel described as 'that monstrous and extraordinary, most dangerous and impracticable tunnel at Box'.

Nearly two miles long, the Box was by far the longest railway tunnel yet attempted and induced much criticism from the pundits of the time, not least for its planned incline of 1 in 100. The idea of travelling in a train being propelled at high speed in a two-mile tunnel on a gradient of 1 in 100 was considered to be highly dangerous, provoking grim forecasts of trains emerging with a load of corpses. A well-known expert demonstrated on paper that if the brakes of a train failed at the high end of the tunnel it would emerge at the other end travelling at the incredible speed of 120 m.p.h., at which speed, it was well known, no human being could breathe!

The construction of the Box tunnel began in September 1836, and by 1840 a workforce of four thousand men and three hundred horses was working round the clock to complete the tunnel on time. A total of 247,000 cubic yards of spoil was excavated during the construction and one ton of gunpowder and one ton of candles were used in every week of the four and a half years it took to build. Dug out of the facings by pick-axe and shovel, the huge quantity of stone, clay and earth taken from beneath Box Hill was hauled to the surface by men and horses. Water was here again the bane of the tunnellers and poured through the fissures in the ground, especially in the wet winters. The elements were finally conquered under Box

Hill, sadly at a cost of over a hundred lives, before the tunnel was opened in June 1841.

*U*nder the Alps

The nineteenth century was the golden age of tunnelling and by the middle of the century the famous engineers of that age—the Brunels, Stephenson, Locke—had shown the world what could be achieved. Their tunnels were an essential part of the railway system which was driving the industrial revolution in England. However, in mainland Europe the formidable rampart of the Alps still divided the continent, presenting an intractable barrier to trade and communications. Engineers could not conceive of a way to construct a railway to pass over the Alps. No locomotive available at that time could haul a train up the gradients to the passes, which, in any event, would become impassable with the snows of winter. A tunnel was the answer, but the practical difficulties seemed so enormous that a tunnel hardly seemed worth considering. Nevertheless, it was considered in the 1850s when the problem of linking the French and Italian railways was re-examined. At this time, travellers from France to Italy

had to detrain at Mondane and, complete with luggage, make a fifty-mile journey over the mountains.

The Mont Cenis tunnel

Despite the formidable problems in prospect, French engineers decided to drive a double-track railway tunnel through Mont Cenis for a distance of eight miles. No rock drilling machinery was then available so the bore-holes for the gunpowder had to be drilled by hand. Work started in 1857 and progress at the start averaged 9 in. a day—a rate of advance which, if not improved, would have seen the tunnel completed in around seventy-five years! The compressed-air mechanical drill invented by the American Jonathan Couch seemed to offer a solution but for the difficulty of producing compressed air. Appropriately, the chief engineer to the Mont Cenis project, Germain Sommeiller, solved the problem by devising a machine for compressing air using the water power available at both the tunnel portals. What became known as the pneumatic drill made tunnelling through the Alpine rock a practical proposition.

Following the installation of the drilling machinery in 1861 the rate of advance rose dramatically and continued to do so year by year. By 1870 the combined rate of advance at both ends was ten times the rate of the first year. In the absence of vertical shafts all the debris had to be hauled to the tunnel entrance, and eighty horses were employed on this task. The lack of vertical shafts also caused acute ventilation problems. The atmosphere in the tunnel was heavy with dust and smoke and became worse as the workface penetrated deeper into the mountain. The ventilating system kept the actual workface clear, but further back the smoke and dust hung in the air, mingling with the breath of hundreds of men and horses and the fumes of gas and oil lamps. Finally, on Christmas Day 1870, the two sides met and the original surveys were so accurate that the difference in level between the two headings was 12 in. and in alignment 18 in. The first tunnel under the Alps was opened to traffic three months later.

The Zurich–Milan railway tunnel

The Mont Cenis venture showed that the Alps could be successfully penetrated and other tunnels were soon to follow.

The second Alpine tunnel, which was started in 1872 to take the Zurich–Milan railway underneath the St Gotthard pass, was to prove yet another subterranean saga of tenacity, drama and tragedy. Louis Favre secured the contract at far too low a figure considering the well-known uncertainties of tunnel projects, and further compounded his folly by agreeing to severe financial penalties for late completion. In so doing, he condemned himself and hundreds of his men to an early grave. Threatened with financial ruin, Favre relentlessly drove himself and his men with no thought for safety, health or lives. Under possibly the most appalling conditions of any tunnel project, accidents and disease took a grim toll, culminating in the death of Favre himself in July 1879, broken physically and financially. The bill in human currency that was finally presented totalled 310 dead and 877 seriously invalided.

The Simplon tunnel

Although the Alpine penetrations that followed the efforts of these early pioneers were characterised by improved rock drilling techniques and higher safety standards, none were without their own unique set of problems and dangers.

The Simplon tunnel, which runs through the Alps between Brig in Switzerland and Iselle in Italy, was, at the time of its completion in 1906, the longest railway tunnel in the world, with a length of 20 km. Water is a common problem in tunnelling, but here the water was so hot—reaching 135°F at one point—that the workface had to be cooled by bringing in huge quantities of icy water from the mountain streams.

The Mont Blanc tunnel

A tunnel planned to pierce massive Mont Blanc itself was first conceived in 1907, but two world wars were to intervene before, in 1959, work commenced on a road tunnel to connect Chamonix in France to the Aosta valley in Italy.

Difficult conditions of alternating high and sub-zero temperatures, falling rock and avalanches resulted in the deaths of twenty-three men, demonstrating that even with modern technology tunnelling under mountains was still the tough and dangerous task that it was in the early days.

Opened for traffic in 1965, the Mont Blanc, with a length of 11 km, was then the longest road tunnel in the world. This record is now held by the 16.4-km St. Gotthard tunnel in Switzerland, opened in 1980.

The longest tunnel

The Seikan is the world's longest public transport tunnel, running 53 km under the Tsuguru Strait between the northern Japanese islands of Honshu and Hokkaido. Completed in March 1984 after twenty years and ten months, the Seikan was to prove a significantly more intractable engineering task than originally evisaged.

The Seikan is one of the engineering wonders of the world, but something of a financial disaster. It took twice as long as projected to build, and by the time of its completion in 1984 airlines and road transport were highly competitive and had seriously eroded the railways' market share. Furthermore, the final cost of £2 billion (ten times the original estimate) meant that tunnel trains are only about 10% cheaper than the equivalent air fare. The refusal to meet the high costs of upgrading the line between Tokyo and Sapporo in order to handle the famous bullet train (the Shinkansen) was probably the final blow to the Seikan's viability. Without the dramatic time savings the Shinkansen would bring, there is little advantage for any except the local traveller.

The challenge of the Seikan was not so much its length, though that in itself is remarkable, but the variety and difficulty of the geological conditions.

The Seikan has been cut and blasted through a succession of difficult strata with faulted beds at each end, sedimentary to the north, and soft rock and sandy mudstone at the centre. The work was most difficult at the centre where the soft mud was prone to collapse. A single 500-m section took four and a half years to tunnel through. The largest cave-in in 1976 took seventy days to control after water poured into the tunnel at a rate of 70 tonnes a minute. During the construction of the Seikan there were four major cave-ins and a total of thirty-four deaths. At its peak, the project employed three thousand workers.

Despite its financial problems, the Seikan remains a monumental engineering achievement of which the Japanese people are justly proud.

The greatest challenge—the Channel

There cannot have been many engineering projects with a gestation period lasting two hundred and thirty-six years; for it was in 1750 that the Academy of Amiens promoted a competition for a scheme to improve trade links between France and England. With uncanny prescience, the winner of the competition actually proposed a tunnel under the Channel—a solution which at that time must have seemed pure fantasy. Subsequently, the Napoleonic wars killed off all thoughts of trade links between the two warring countries, and the idea remained dormant until it was revived by the engineering visionaries of the nineteenth century. One of the most persistent and dedicated of these was the French engineer and geologist, Thomé de Gamond, who first surveyed the Channel in 1832. From that time until his death in 1876 de Gamond proposed a number of schemes ranging from the novel to the bizarre, although he eventually arrived at a twin-track railway tunnel solution.

Meanwhile, the idea of a Channel tunnel was beginning to excite the interest of English engineers and entrepreneurs. The civil engineer Sir John Hawkshaw (builder of the Severn railway tunnel) formed the Channel Tunnel Company in London in 1872, which was followed by William Low's Anglo-French Submarine Railway Company. In

1880 after much financial and commercial manoeuvering, Low, financed by the railway baron Watkin, sank an exploratory shaft at Abbots Cliff and the Channel tunnel was started. But public opinion in Britain swung decisively against the tunnel and in April 1882 the anti-tunnellers presented a petition to Parliament signed by various luminaries such as Tennyson, Browning, Cardinal Newman, the Archbishop of York and Professor T. H. Huxley. The Government duly put a stop to the digging and the Channel tunnel had to wait for the twentieth century and two world wars to come back into favour.

The post-Second World War *Entente Cordiale* provided a new stimulus to the old idea and in 1957 an Anglo-French feasibility study showed promising results. In 1966 the two governments agreed to proceed with a fixed link. In the event, British ambivalence toward the EEC, de Gaulle's double veto of U.K. entry to the Community and domestic concerns about the potential cost of the commitment induced the British government to call a halt to the project in January 1975.

But finally, the historical instigating force for tunnels, the railway companies, played their traditional motivating role—British Rail (BR) and Société Nationale des Chemins de Fer Français (SNCF) produced a joint proposal in 1979 for a rail tunnel. The political climate was now more favourable, industry was enthusiastic and the project was finally given the blessing of the political leaders of Britain and France. A competition to select the best scheme was launched with a closing date of October 1985. When the joint government decision was announced in January 1986 the winner was the Channel Tunnel Group–France Manche SA (CTG–FM) consortium with the train/shuttle tunnel scheme, which came to be known as 'Eurotunnel'.

The Channel Tunnel construction started in mid-1986 and is currently scheduled for completion by June 1993. The Tunnel is designed to accommodate both shuttle trains carrying road vehicles and BR/SNCF through trains for passengers and freight. The shuttle trains will operate in a continuous loop between the terminals at Folkestone and Coquelles. The service is planned to operate seven times an hour at peak times with a journey time of 35 minutes. The through passenger and freight trains to be operated by BR and SNCF will be scheduled to run between the shuttle trains.

The tunnel's entrances and exits are at the

Castle Hill portal on the British side and the Beussingue portal on the French side. From the access shafts at Shakespeare Cliff and Sangatte boring took place in two directions—marine tunnels were drilled under the Channel and landward tunnels cut towards the terminal sites at Folkestone and Coquelles. A key issue was the alignment of the tunnels within the chalk marl stratum. Chalk marl is an impermeable, homogeneous rock, which allows excavation to be carried out at speed.

The Channel Tunnel comprises three individual tunnels. The two outer tunnels, known as 'running tunnel north' and 'running tunnel south', will carry the trains and have diameters of 7.6 m. They are each separated by 8 m of rock from the smaller, 4.8-m diameter central service tunnel, which will be used for maintenance and emergency purposes. The service tunnel was cut first, acting as a pilot tunnel to test out the ground before the operation of the running tunnels' tunnel boring machines.

Two undersea crossovers, each a third of the way along the tunnel's length, enable trains to switch from one track to another. Single-line working is required if a section of the tunnel has to be closed for maintenance or in the event of an emergency. Cross-passages with diameters of 3.3 m are located every 375 m to enable passenger evacuation between the running tunnels and the service tunnel. Also, at every 250 m are 2-m diameter piston relief ducts, which are necessary to reduce the build-up of air pressure caused by the passage of high-speed trains and shuttles.

Although the Channel Tunnel, with a total length of 50.5 km, is not the longest rail tunnel in the world, (that record belongs to the Seikan at 53.85 km) it is the longest *undersea* tunnel. The tunnel's undersea component is 37.9 km, compared to the Seikan tunnel's 23.3 km under the Tsuguru Strait.

In the last analysis, the true significance of the Channel Tunnel cannot be captured by facts and figures. In addition to being a remarkable symbol of international co-operation, the Tunnel will create a unique and lasting bond between Britain and France. By a happy coincidence, if all goes to plan, the Channel Tunnel will open for business almost exactly 150 years after the Thames Tunnel was completed. Marc Brunel could not have wished for a more resonant sequel to his work than the unique link soon to be forged between his adopted country and the country of his birth.

Other Thames tunnels

Tunnel (from west to east)*	Use
Battersea Power Station (1)	Electric cables. Little used now
Battersea Power Station (2)	Hot water to Dolphin Square flats
Victoria Line northbound	London Underground trains
Victoria Line southbound	London Underground trains
Waterloo & Whitehall Railway	Proposed pneumatic railway. Incomplete
Bakerloo Line northbound	London Underground trains
Bakerloo Line southbound	London Underground trains
Northern Line Charing Cross branch n'thbound	London Underground trains
Northern Line Charing Cross branch s'thbound	London Underground trains
Northern Line Charing Cross loop	Disused and flooded
Waterloo & City Line northbound	British Rail trains
Waterloo & City Line southbound	British Rail trains
King William Street Section northbound	Former City & S. London. R'lway. Disused
King William Street Section southbound	Former City & S. London. R'lway. Disused
Northern Line City branch northbound	London Underground trains
Northern Line City branch southbound	London Underground trains
Tower Subway	World's first tube railway. Now cables etc.
The Thames Tunnel	*See text*
Rotherhithe Tunnel	Single-bore road tunnel
Thames Archway	Driftway almost completed. Abandoned
Greenwich Cable Tunnel	Electric cables from Deptford
Greenwich Foot Tunnel	Single-bore pedestrian tunnel
Blackwall Tunnel (1)	Road tunnel for northbound traffic
Blackwall Tunnel (2)	Road tunnel for southbound traffic
Thames flood Barrier Tunnel	Staff and services
Thames Barrier Cable Tunnel (1)	Service tunnel for cables
Thames Barrier Cable Tunnel (2)	Service tunnel for cables
Woolwich Foot Tunnel	Single-bore pedestrian tunnel
LEB Tunnel	Cables from Barking to Thamesmead
Dartford Tunnel (1)	Road toll tunnel northbound
Dartford Tunnel (2)	Road toll tunnel southbound†
Gravesend–Tilbury	Earliest and easternmost. Not completed

*A 'tunnel' here denotes a passage of more than 3 ft in diameter. Anything smaller is considered to be a pipe. Not included in this list is the enormous Thames Water Ring Main under construction, When complete it will run under the Thames several times.

† Since the opening of the Queen Elizabeth II Bridge both Dartford tunnels are normally used for northbound traffic, but in the event of bridge closure use reverts to that shown above.

AN EXPLANATION

OF THE

WORKS

OF THE

TUNNEL UNDER THE THAMES,

NOW COMPLETED

FROM

ROTHERHITHE TO WAPPING

FOURTEENTH EDITION.

London:

W. WARRINGTON, ENGRAVER AND PRINTER

27, STRAND.

And Sold at the Tunnel, Price One Shilling.

1846.

THAMES TUNNEL COMPANY.

OFFICE, Rotherhithe.

Directors:

BENJAMIN HAWES, Esq., Chairman.

JOHN BROWN, Esq.	D. SUTTON, Esq.
JOHN BARKER, Esq.	F. L. WOLLASTON, Esq.
SIR ALEXANDER CRICHTON,	A. L. WOLLASTON, Esq.
BENJ. HAWES, Jun., Esq., M.P.	F. L. AUSTEN, Esq.
JAMES LAW JONES, Esq.	HENRY VAUGHAN, Esq.

G. VAUGHAN, Esq.	} Auditors.
A. J. VALPY. Esq.	
WILLIAM WHITMORE, Esq.	
SIR I. BRUNEL. F.R.S.	Chief Engineer.
THOMAS PAGE, Esq.	Acting Engineer.
THE BANK OF ENGLAND	Bankers.
EDWD. RICHARDS ADAMS, Jun. Esq. .	Standing Counsel
JOHN CURTIS, Esq.	Solicitor.
WILLIAM MONTAGUE, Esq. . . .	Surveyor.
Mr. J. B. BLUNDELL	Clerk to the Company.

INTRODUCTION.

THE constant enquiry for information relating to the construction of the Tunnel under the Thames has induced the Directors to publish the following account of the origin and progress of that Work.

An acquaintance with the immense and various mercantile concerns carried on in the vicinity of London Bridge, and immediately in the neighbourhood of the Tunnel, will shew the obvious utility, and the consequent importance, of a convenient communication by land from shore to shore at that part of the river Thames; and it appears from the number and magnitude of the shipping constantly passing, that the only plan which could be resorted to with a necessary regard to economy, and which should be free from objections on the ground of injury or inconvenience to the navigation of the river, is that of a Tunnel under the bed of the river, of sufficient capacity to accommodate the local traffic.

The spot between Rotherhithe and Wapping, selected for the intended communication, is, perhaps, the only one situated between London Bridge and Greenwich, where such a road-way could be attempted without interfering essentially with some of the great mercantile establishments on both sides of the river. It is about two miles below London Bridge, in a very populous and highly commercial neighbourhood, and where a facility of land communication between the two shores is very desirable, and will prove to be of very great advantage, not only to the immediate neighbourhood, but also to the neighbouring counties.

While the necessary steps were taking to obtain an Act of Parliament, and to raise money to carry the plan into effect, the Committee of Subscribers employed competent persons, unconnected with the Engineer, to make borings across the river in the direction of the future work, in three parallel lines. On the 4th of April, 1824, they reported most favorably on the projected enterprize, upon which Sir I. Brunel was induced to enlarge the dimensions of his original plan, and consequently the apparatus by which he intended to secure the excavation, whilst the brick-work was in execution.

Sir I. Brunel, in 1823, proposed and exhibited his Plan for constructing at once, and on a useful scale, a double and capacious road-way under the Thames, which was not only well received, but liberally supported by many gentlemen of rank and science, who were not discouraged by the extraordinary risks which an enterprize of such magnitude must encounter; and no one has given it more prominent and consistent support, under all its vicissitudes, than the Duke of Wellington. His Grace described it as "a work important in a commercial as well as in a military "and political point of view, and that there was no work upon "which the public interest of foreign nations had been more excited "than it had been upon this Tunnel."

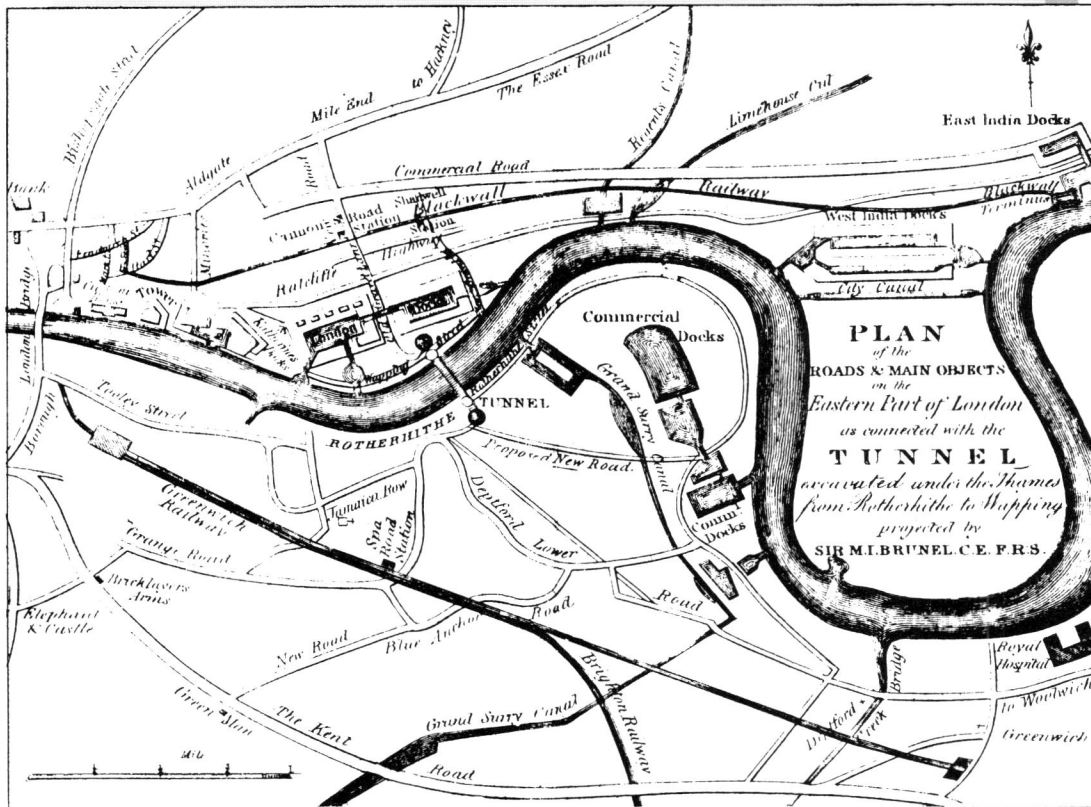

PLAN
of the
ROADS & MAIN OBJECTS
on the
Eastern Part of London
as connected with the
TUNNEL
excavated under the Thames
from Rotherhithe to Wapping
projected by
SIR M.I. BRUNEL C.E. F.R.S.

The view opposite exhibits the workmen in the iron shield, with a transverse section of the two archways which they built during their operations; shewing thus, how they appeared along the archways.

The dimensions of the excavation under the river are 38 feet wide by 22 feet 6 inches high; the whole area of which was constantly covered and supported by the shield in 12 divisions, which were advanced alternately and independently of each other; they had each three floors, or stages, which formed a succession of scaffolding and cells for the bricklayers and miners during their operations.

A longitudinal section of about 40 feet of the Tunnel, with a side view of the shield, and the miners as well as the bricklayers at work. This sketch represents also the moving stages with two floors, used by the miners to throw thereon, for removal, the earth they excavated; and where the bricks, cement, and other materials were placed in readiness for the bricklayers. Towards the head and foot of the shield is also shewn the position of the horizontal screws, a pair of which being attached to each of the divisions, and turned so as to press against the brick-work, were used to propel each division forward.

The opposite transverse section the River Thames shews a longitudinal section of the Tunnel beneath it, which is 1,200 feet in length, from the foot passengers' shaft at Rotherhithe to the shaft at Wapping, with the openings provided to afford free communications from one archway to the other.

The shafts at each terminus of the Tunnel are 50 feet in diameter, and are solely for the accommodation of foot passengers, at a toll of one penny each person.

N.B.—*Conveyances to ROTHERHITHE, by Omnibus from Piccadilly, Charing Cross, Fleet Street, and Gracechurch Street; and by Steam Boats to the Tunnel Pier at WAPPING, from Hungerford, Adelphi, Temple Bar, Blackfriars Bridge, Old Shades Pier, and London Bridge.*

W. WARRINGTON, Engraver and Printer, 27, Strand.

*T*he *Brunel Exhibition Rotherhithe*

The Brunel Exhibition Project, which is a registered charity, was formed in 1973 by enthusiasts, who wanted to see the Brunels' great surviving achievement in London receive proper recognition, and the Bermondsey and Rotherhithe Society, the local amenity group, who were concerned about the run-down state of the newly designated St. Mary's Conservation Area.

An early exhibition and market research confirmed that there was local support for the aims of the project and negotiations began with the owners of the engine house, London Transport, and the planning authorities. The task was made easier when the Department of the Environment agreed to list the building as being of historical importance and the Ancient Monuments Section made a contribution towards the cost of restoration. Landscaping plans were drawn up and the backing secured of European Architectural Heritage Year. The London Borough of Southwark offered to pay the rental for the site and the Greater London Council and the Docklands Development Team both helped with grants towards the cost of the work.

The work of restoring the Engine House is now complete, despite many setbacks. What was once a dangerous structure is now a useful building, and where there were once junk-yards is now a pleasant open space. The cost of over £60,000 for building and landscaping works was met by grants from numerous sources, including the London Borough of Southwark, the Department of the Environment, European Architectural Heritage Year, the Greater London Council, the Docklands Joint Committee and the Pilgrim Trust.

The Engine House and exhibition were officially opened by Bob Mellish, M.P., on June 14th 1980. Since then, an important addition to the exhibition was the world's sole surviving example of a compound V pumping engine, built in 1882 by J. & G. Rennie of Southwark. Last used in Chatham Dockyard, this engine has been meticulously restored and can be made to rotate by means of an external hydraulic motor.

A number of projects are currently in hand, aimed at completing the restoration of the building and updating the exhibition. A major project is the restoration of the engine house's chimney stack. In its day, this would have been an outstanding feature of the building and a prominent landmark in the area. A new exhibition has been designed to appeal to a wider, non-technical audience, particularly young people (hopefully the engineers of the future). The exhibition is titled 'Brunel's Tunnel and where it led' and explains how the techniques conceived by the Brunels for the world's first subaqueous thoroughfare here in Rotherhithe have been developed to the point where they are in use universally as the principal method for soft-ground tunnelling.

The building stands in what is now one of London's Outstanding Conservation Areas, characterised by tall warehouses, narrow streets, the early LCC housing schemes and occasional glimpses of the river. The names of the surrounding warehouses evoke the past—Thames Tunnel Mills, Grice's Granary, Hope (Sufferance) Wharf—one of the sets of warehouses which were licensed when the 'legal quays' became over-loaded—East India and Bombay Wharves.

In the early 1970s these buildings were becoming more and more derelict and it appeared that the character of the area would disappear. Now, thanks to the efforts of private enthusiasts and the local Authority, buildings are being converted into small workshops for craftsmen by the London Borough of Southwark and the Industrial Buildings Preservation Trust, and other warehouses now accommodate shops, flats and community arts facilities.

Rotherhithe is reached quite easily. The Underground goes from New Cross or Whitechapel, passing through the Thames Tunnel. At Wapping part of the original stair-case remains and the shaft now houses a lift. There is a small commemorative plaque in the station. By road, Rotherhithe is about a mile from Tower Bridge (where Isambard's son was consultant engineer) and the St. Mary's area is just to the northeast of the roundabout at the southern end of the Rotherhithe Tunnel. There is one more Brunel association nearby, for across the river on the Isle of Dogs at low tide the launching ramps of the *Great Eastern* can still be discerned.

Bibliography

Beaver, Patrick. *A History of tunnels* (Peter Davies, 1972).

Clements, Paul. *Marc Isambard Brunel* (Longmans Green and Co. Ltd., 1970).

Gray, Robert. *A History of London* (Hutchinson, 1978).

Jones, Bronwen. Ed. *The Tunnel—the Channel and beyond* (Ellis Horwood, Ltd., 1987).

Kiek, Jonathan. *Everybody's historic London: a history and guide* (Quiller Press, 1984).

Lampe, David. *The Tunnel: the story of the world's first tunnel under a navigable river dug beneath the Thames 1824–42* (Harrap, 1963).

Lee, Charles E. *The East London Line and Thames Tunnel* (London Transport, 1976).

Mindell, Ruth and Jonathan. *Bridges over the Thames* (Blandford Press, 1985).

Pudney, John. *Brunel and his world* (Thames & Hudson, 1974).

Rolt, L. T. C. *Isambard Kingdom Brunel* (Penguin Books, 1989).

Trench, Richard and **Hillman,** Ellis. *London under London* (John Murray, 1985).

West, Graham. *Innovation and the rise of the tunnelling industry* (Cambridge University Press, 1988).

Wilson, Derek. Breakthrough—Tunnelling the Channel (Century in association with Eurotunnel, 1991).

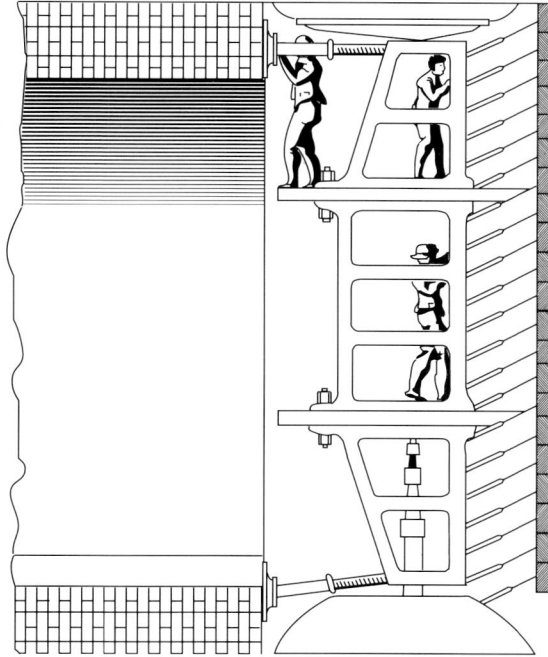

Designed and typeset by SPECIAL EDITION *Pre-press Services*
Printed by Ashdown Press Ltd. 071-237 3525

Dreimal Deutsch

von Uta Matecki
unter Mitarbeit von Stefan Adler

Chancerel

Dreimal Deutsch

Verlagsleitung: Sabine Amoos-Kerschner
Redaktion: Michael Spencer
Bildredaktion: Cornelia Haupt, Hildegard Fuchs
Gestaltung: Wendi Watson
Umschlaggestaltung: Gregor Arthur
Grafik: Cyber Media
gedruckt in Italien

© Chancerel International Publishers Ltd. 2000
120 Long Acre
London WC2E 9PA

PN 6 5 4 3 2 / 02 01 00

Text- und Arbeitsbuch Einsprachige Ausgabe	ISBN 1 899888 49 7
Kassette 1: Hörverständnisübungen	ISBN 1 899888 50 0
CD 1: Hörverständnisübungen	ISBN 1 899888 84 5
Kassette 2: Lesetexte	ISBN 1 899888 51 9
Lehrerhandreichung	ISBN 1 899888 58 6

Danksagung
Wir danken allen, die an der Entstehung dieses Werkes mitgewirkt haben, besonders:
AOK Mecklenburg-Vorpommern, Ausstellungs- und Messe GmbH des Börsenvereins des
Deutschen Buchhandels, Bund-Verlag, Frankfurt a. M., Ingelore Steuernagel, Burkhard
Wildner und für ihre wertvolle Mithilfe zu den Tonaufnahmen MAX II, Prof. Dr. W. Dewitz,
S. Miltz, N. Qreuzahler, S. Schade, B. Sievers und F. Vogler.

Es wurde jeder Versuch unternommen, alle Inhaber von Text- und Bildrechten ausfindig
zu machen. Wir bedauern es, falls wir jemanden übersehen haben.

Quellennachweis: Abbildungen

Umschlag: Britstock-IFA, London (*Jugendliche*)
FAN/Lüneburg (*Johann Strauß*)
PA-News, London (*Reichstag Berlin, Hintergrund*)
Schweizer Verkehrszentrale (*Berge*)
Buch: Archiv Bayerischer Tourismusverband e.V. (S. 73)
Heinrich Bauer Verlag, Hamburg (S. 59 *Bravo* und *TV Movie*)
Bayer Vital GmbH & Co. KG (S. 55 *Aspirin*)
Ralf Brinkhoff/STELLA Musical Management GmbH (S. 30 unten)
Brauerei Beck & Co (S. 55 *Bier*)
Bund Verlag, Frankfurt am Main (S. 56 unten)
Bündnis 90 Die Grünen (S. 47 *Die Grünen-Logo*)
CDU (S. 47 *CDU-Logo*)
Jan Chipps (S. 9 oben links, S. 16 oben, S. 18 *Mieter*)
COMET, Zürich (S. 53 unten)
© DACS,1999, *Großstadt,* Otto Dix (S. 39 oben)
DAG (S. 25 *DAG-Logo*)
Daimler-Chrysler AG (S. 55 *Mercedes*)
Deutsche Bahn AG (S. 62 Mitte, S. 68 oben, S. 82 unten)
dpa, Frankfurt am Main (S. 43 unten, S. 45 oben)
dpa-Sportreport (S. 27 Mitte)
Drubba GmbH, Titisee (S. 72 unten)
FAN/Lüneburg (S. 19 oben, S. 25 unten, S. 32 oben, S. 35 oben, S. 54, S. 59 Mitte, S. 62 unten, S. 63 unten, S. 64 *Kreidefelsen*, S. 65 oben, S. 66 unten, S. 89 oben, S. 96 links, Mitte und rechts, S. 101)
F.D.P. (S. 47 *F.D.P.-Logo*)
Filmpark Babelsberg (S. 30 oben)
Fremdenverkehrsverband Lüneburger Heide e. V. (S. 62 oben)
Fremdenverkehrsverein Miltenberg am Main e.V. (S. 6 *Miltenberg*)
Freundin-Verlag, München (S. 59 *Freundin*)
G.A.F.F./Kaiser (S. 61 unten)
GEW (S. 25 *GEW-Logo*)
Graphische Sammlung Albertina, Wien, Albrecht Dürer *Junger Hase* (S. 48 unten links)
Ian Griffiths (S. 55 und S. 71 Porträts)
Grundig (S. 55 *Fernseher*)
Harry Hardenberg (S. 64 *Rathaus Stralsund*)
Hensoldt AG/Zeiss Gruppe (S. 55 *Fernglas*)
Hofer/Kurdirektion Bad Ischl (S. 79 Mitte und unten)
D. Jacobs, Trier (S. 6 *Porta Nigra*)
Kärnten Werbung Marketing & Innovationsmanagement GmbH (S. 83 oben)
Kaufhaus des Westens, Berlin (S. 33 oben)
Stephanie Kerschner (S. 13 links, S. 34 oben, S. 57 unten, S. 59 unten)
Klett-Perthes (S. 7 *Karte*)
Urs Kluyver, Hamburg (S. 32 unten)
Kongress- und Tourismuszentrale Nürnberg (S. 14 unten links)
Kurbetriebe der Landeshauptstadt Wiesbaden (S. 68 unten)
Kunsthalle Mannheim/Margitta Wickenhäuser (S. 52 oben)
Landesbildstelle Berlin (S. 18 *sanierte Plattenbauten*, S. 42

Mitte, S. 45 Mitte, S. 61 oben)
Lossen/Merges Verlag, Heidelberg (S. 22 oben)
Marie Marcks, Heidelberg (S. 105)
Uta Matecki (S. 12)
MIKADO (S. 64 *Marienkirche Lübeck*)
Nolde-Stiftung Seebüll, Emil Nolde, *Meer im Abendlicht*
(S. 51 Mitte links)
Österreich Werbung/Bartl (S. 32 Mitte, S. 76 *Kaffeehaus
und Kaffee*, S. 77 unten)
Österreich Werbung/Bohnacker (S. 75 *Melk*)
Österreich Werbung/Carniel (S. 78 *Weinfass*)
Österreich Werbung/Diejun (S. 78 *Kellergassen*)
Österreich Werbung/Fankhauser (S. 15 oben)
Österreich Werbung/Herzberger (S. 80 oben, S. 82 Mitte)
Österreich Werbung/Kuhn (S. 17 oben rechts)
Österreich Werbung/Jezierzanski (S. 74 oben)
Österreich Werbung/Landova (S. 18 *Karl-Marx-Hof in Wien*)
Österreich Werbung/Lehmann H. (S. 35 oben)
Österreich Werbung/Markowitsch (S. 14 oben links, S. 76
Riesenrad, S. 85 Mitte)
Österreich Werbung /Maier (S. 30 Mitte)
Österreich Werbung/Mayer (S. 75 *Klosterneuburg*, S. 77 oben)
Österreich Werbung/Niederstrasser (S. 15 unten)
Österreich Werbung/Popp G. (S. 6 *UNO-CITY*, S. 75
Donauauen)
Österreich Werbung/Schreiber (S. 14 unten rechts)
Österreich Werbung/Simoner (S. 78 *Baden* und *Payerbach*)
Österreich Werbung/Sochor (S. 27 unten)
Österreich Werbung/Trumler (S. 17 oben links)
Österreich Werbung/H. Wiesenhofer (S. 16 unten, S. 34
Mitte, S. 85 oben)
Österreich Werbung/Wiesenhofer (S. 76 *Stephansdom*,
S. 84 oben)
Österreichische Galerie Belvedere Wien (S. 71 C.D.Friedrich,
Felsenlandschaft im Elbsandsteingebirge, S. 77 Gustav
Klimt, *Adele Bloch-Bauer 1*)
ÖTV (S. 25 *ÖTV-Logo*)
"PA" News Photo Library London (S. 46 oben)
PDS (S. 47 *PDS-Logo*)
Presse- und Informationsamt des Landes Berlin (S. 49
oben, S. 60 oben und Mitte)
Rosi Radecke (S. 69 unten)
Jens Rufenach/FAN (S. 21, S. 29 oben, S. 33 unten, S. 48
oben)
Sächsische Landesbibliothek, Staats- und
Universitätsbibliothek Dresden, Deutsche Fotothek (S. 70
rechts)
Sächsische Landesbibliothek, Staats- und
Universitätsbibliothek Dresden, Deutsche Fotothek/Hahn
(S. 70 links)
SAK (S. 8 *EU-Flagge*, S. 9 oben rechts, S. 18
Hauseigentümer und *Eigenheim*, S. 19 Mitte und unten,
S. 25 Mitte links, S. 35 unten, S. 45 unten, S. 48 unten
rechts, S. 60 unten rechts, S. 90 unten, S. 96 *Jutta Christ*,
S. 98 rechts)
Saline Hallein (S. 82 oben)
Salzburger Land (S. 6 *Berglandschaft*, S. 27 oben, S. 79
oben)
Schmiederer/Innsbruck Tourismusverband (S. 81 oben)
Sylvia Scholz/Humboldt-Universität Berlin (S. 50 oben)
Schweizer Verkehrszentrale (S. 89 unten, S. 115 unten)
Schweizer Verkehrszentrale /Ph. Giegel (S. 92 unten)
Schweizer Verkehrszentrale /P. Maurer (S. 88 oben, S. 90
Mitte
Schweizer Verkehrszentrale /W. Storto (S. 92 oben)
Schweiz Tourismus L. Degonda (S. 90 oben)
Schweiz TourismusPh. Giegel (S. 87 unten)
Schweiz Tourismus/F. Penninger (S. 88 unten)

Schweiz Tourismus/C. Sonderegger (S. 28 oben, S. 93 oben)
Schweiz Tourismus/Wallis Tourismus (S. 86 oben)
Siemens Elektrogeräte GmbH (S. 13 rechts, S. 55
Haushaltgerät)
David Simson (S. 17 unten, S. 20, S. 22 unten links und
rechts, S. 29 unten, S. 31 oben)
Michael Sondermann/Presseamt der Stadt Bonn (S. 66 oben)
SPD (S. 47 *SPD-Logo*)
Michael Spencer (S. 56 oben und Mitte, S. 91, S. 98 links und
Mitte, S. 115)
Erich Spiegelhalter (S. 6 *Titisee im Schwarzwald*)
Spielzeugmuseum Seiffen (S. 14 oben rechts)
Städtisches Verkehrsamt Sankt Goarshausen (S. 67 oben)
Margarete Steiff GmbH (S. 55 *Kuscheltiere*)
Steirische Tourismus GmbH (S. 84 unten)
Ingelore Steuernagel (S. 19 Mitte rechts)
Stiftung Deutsche Kinemathek (S. 100)
Süddeutscher Verlag Bilderdienst (S. 11, S. 25 oben
rechts, S. 28 unten, S. 36 unten, S. 37, S. 38, S. 39 unten
links und rechts, S. 40 oben, S. 41 unten links und rechts,
S. 42 oben, S. 44 unten, S. 50 Mitte und unten, S. 52
unten, S. 53 oben, S. 80 unten, S. 81 unten links, S. 85
unten, S. 99)
Süddeutscher Verlag Bilderdienst/Wilhelm Albrecht
(S. 81 unten rechts)
Süddeutscher Verlag Bilderdienst/Thomas Exler (S. 26 unten)
Süddeutscher Verlag Bilderdienst/Fotoagentur Hartung
(S. 67 unten)
Süddeutscher Verlag Bilderdienst/Geschwister-Scholl-
Archiv, Jürgen Wittenstein (S. 41 oben)
Süddeutscher Verlag Bilderdienst/David Hornback
(S. 9 unten)
Süddeutscher Verlag Bilderdienst/Siegfried Kachel (S. 57 oben)
Süddeutscher Verlag Bilderdienst/Reinhold Lessmann
(S. 43 oben)
Süddeutscher Verlag Bilderdienst/Erika Sexauer (S. 83
Ingeborg Bachmann)
Süddeutscher Verlag Bilderdienst/Sven Simon (S. 26 oben)
Süddeutscher Verlag Bilderdienst/Strobel (S. 40 unten)
Süddeutscher Verlag Bilderdienst/teutopress, Bielefeld
(S. 42 unten, S. 83 *Peter Handke*)
Süddeutscher Verlag Bilderdienst/vario-press, Bonn
(S. 8, S. 44 oben)
Süddeutscher Verlag Bilderdienst/Manfred Vollmer
(S. 51 rechts)
Thüringer Tourismus GmbH (S. 49 unten, S. 69 oben)
Tourismus Bündner Herrschaft (S. 93 *Heidi-Alm* und *Heidi-
Haus*)
Tourismus-Marketing-GmbH Baden-Württemberg (S. 72 oben)
Tourismusverband Rügen e. V. (S. 64 *Strandkörbe*, S. 65
unten)
Tourismusverband Schleswig-Holstein e. V. (S. 63 *Hallig*)
Victorinox (S. 87 oben)
Kalle Waldinger (S. 31 unten links)

Quellennachweis: Textausschnitte

Peter Bichsel, *Des Schweizers Schweiz*, Suhrkamp Verlag,
Frankfurt (S. 114)
Theodor Fontane, *Wanderungen durch die Mark
Brandenburg*, Ullstein Verlag, Berlin (S. 65)
Max Frisch, Suhrkamp Verlag, Frankfurt am Main (S. 53)
Max von der Grün, *Was ist eigentlich passiert?*, In: Ingeborg
Drewitz *Städte 1945*, Eugen Diederichs Verlag, Köln, mit
freundlicher Genehmigung von Max von der Grün (S. 42)
Erich Kästner, *Als ich ein kleiner Junge war*, Cecilie Dressler
Verlag, Hamburg (S. 70)
Kurt Tucholsky, *Gesammelte Werke in 10 Bänden*, Rowohlt
Verlag, Reinbeck (S. 38)

Inhalt

Landschaften

1 Können Sie die abgebildeten Landschaften und
Städte auf der nachfolgenden Karte finden?

Die mächtige Porta Nigra *in Trier ist nur
eines der zahlreichen Zeugnisse
römischer Architektur in
Deutschland.*

*Die sanft hügelige Landschaft beim
Titi-See lässt sich zu Fuß und zu
Boot genießen.*

*Die mittelalterliche Stadt Miltenberg am Main liegt
eingebettet in das Maintal zwischen Spessart und
Odenwald. Hier wird man zu einer romantischen
Reise in eine reiche Vergangenheit eingeladen.*

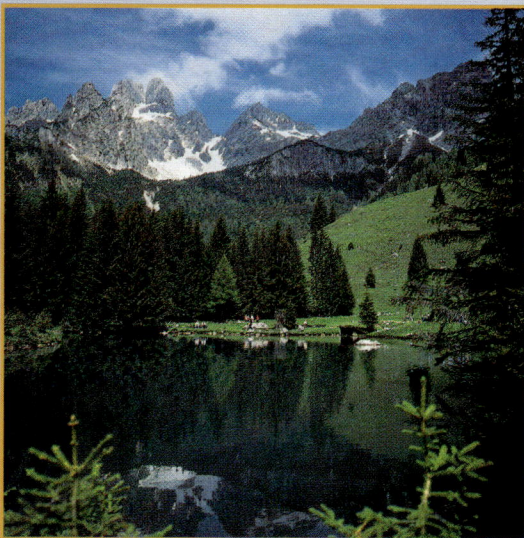

*Hohe Gipfel, Seen und Wälder laden
Wanderer aus aller Welt in die
Alpen ein.*

*Wien hat neben seinen historischen
Denkmälern wichtige Zeugnisse der
Gegenwart: z. B. die moderne
UNO-City.*

In der Mitte Europas

1 Ist Ihr Land Mitglied in der EU?

2 Glauben Sie, dass Ihr Land davon profitiert (oder profitieren würde)?

In der EU

Die Bundesrepublik Deutschland gehörte zu den Gründungsmitgliedern der EWG, der Europäischen Wirtschaftsgemeinschaft. Seit 1995 hat der „Club" – er heißt jetzt Europäische Union (EU) – erstmals eine gemeinsame Grenze mit Russland.

Nach dem Ende des Kalten Krieges und der Wende in Deutschland hat der Prozess der europäischen Einigung eine neue Dynamik bekommen. Der Europäische Wirtschaftsraum, zu dem auch Nicht-EU-Mitglieder wie das deutschsprachige Liechtenstein gehören, ist seit 1994 Realität. Das bedeutet: freier Verkehr „ohne Grenzen" von Waren, Kapital, Dienstleistungen und Personen.

Die EU ist ein wichtiger Garant für die politische und wirtschaftliche Stabilität in ganz Europa geworden und wird sich in den nächsten Jahren weiter nach Osten ausdehnen.

Deutschland hat als stärkste Macht in der Gemeinschaft eine besondere Verantwortung und „handfeste" Interessen: Ungefähr 60% aller deutschen Exporte gehen in andere EU-Länder.

Der Startschuss für die Währungsunion ist am 1. Januar 1999 gefallen. Deutschland und Österreich gehören von Anfang an zu den „Euroländern".

Der Sitzungssaal des Europäischen Parlaments in Straßburg. Hier beraten Abgeordnete aus allen Mitgliedsstaaten.

Starker Partner

Anfang 1995 ist Österreich – zusammen mit Finnland und Schweden – neues Mitglied der EU geworden. Die Gemeinschaft hat durch die Aufnahme Österreichs gewonnen, denn die Wirtschaftskraft des Landes liegt über dem EU-Durchschnitt. Ein Blick auf die Europakarte zeigt außerdem, dass die Union durch die neuen Partner geografisch den osteuropäischen Ländern näher gekommen ist.

3 Welche der folgenden Staaten sind nicht in der EU?

Dänemark	Luxemburg
Niederlande	Griechenland
Österreich	Norwegen
Großbritannien	Portugal
Schweiz	

8

Fühlen Sie sich als Europäer?

> Als Europäer? Na, zuerst einmal bin ich Schweizer und dann vielleicht eher Weltbürger. Was Europa angeht, hat sich die Schweiz ja immer etwas draußen gehalten. Ich bin dafür, dass die Schweiz vor allem militärisch neutral bleibt. Aber wirtschaftlich und politisch gesehen brauchen wir Europa. Da müssen wir raus aus der Isolation!

> Ja, sicher. Das hat bestimmt auch damit zu tun, dass ich beruflich und privat viel in Europa unterwegs bin. Europa ist in den letzten Jahren immer mehr zusammengewachsen. Ich glaube, besonders für den Frieden ist das wichtig und richtig. Wenn man bedenkt, dass die meisten Länder jahrhundertelang verfeindet waren ...

4 Stellen Sie sich vor, Sie sind Politiker und wollen Ihre Zuhörer von der Idee eines geeinten Europas überzeugen! Notieren Sie ein paar Stichwörter und halten Sie eine kurze Rede!

Zwischen Ost und West

Noch im Frühsommer 1989 standen sich in Europa zwei feindliche militärische Blöcke gegenüber. Der Gegensatz zwischen Ost und West spaltete Berlin, Deutschland und den ganzen Kontinent. Heute gibt es die Sowjetunion und den Warschauer Pakt nicht mehr. Einige der ehemaligen Ostblockstaaten wie z. B. Polen und Tschechien sind bereits Mitglieder der NATO.

Nach der Wiedervereinigung der beiden deutschen Staaten gab es bei den Nachbarn in Ost und West Ängste: Deutschland könnte vielleicht zu stark werden. Aber heute sind die Beziehungen, besonders zu den osteuropäischen Nachbarn, weitgehend geklärt und das Misstrauen beseitigt.

Nach dem Zusammenbruch des alten Systems ist die soziale und ökonomische Situation in Teilen Osteuropas gefährlich instabil. Die reicheren Länder müssen helfen, damit der Frieden gesichert bleibt. Die Bundesrepublik Deutschland hat dabei eine besondere Verantwortung.

Im September 1994 werden die Truppen der West-Alliierten feierlich verabschiedet. Wenige Tage zuvor hatten auch die letzten sowjetischen bzw. russischen Soldaten Deutschland verlassen.

5 Das Ende des Ost-West-Konflikts hat nicht alles zum Guten verändert. Welche negativen Folgen fallen Ihnen ein?

6 Wie waren die Reaktionen in Ihrem Land nach der Wiedervereinigung Deutschlands 1990?

9

Man spricht Deutsch

1 In wie vielen Nachbarländern der BRD wird Deutsch gesprochen?

2 Was finden Sie an der deutschen Sprache besonders schwierig?

Nicht nur in Deutschland

Deutsch ist die Muttersprache von rund 100 Millionen Menschen. Die meisten davon leben in der Bundesrepublik, in Österreich, in der Schweiz und in Liechtenstein. Diese Länder benutzen die gleiche Schriftsprache, aber es gibt große Dialektunterschiede. Manchmal ist der Unterschied in der Aussprache so groß, dass sich zwei „Muttersprachler" nicht verstehen können!

Deutschsprachige Gebiete gibt es auch in Luxemburg, Belgien, Frankreich (Elsass) und in Italien (Südtirol). In der Tschechischen Republik und in Polen ist die deutschstämmige Bevölkerung als Minderheit anerkannt.

Deutsch ist zwar keine Weltsprache, aber es bleibt vor allem als Handelssprache in Europa wichtig. In der ganzen Welt lernen immerhin fast 20 Millionen Menschen Deutsch als Fremdsprache.

Es leben die Mundarten!

Bis ins Mittelalter gab es keine einheitliche deutsche Sprache. Die verschiedenen Stämme im deutschen Sprachraum hatten alle ihre eigenen Dialekte und Latein war lange Zeit die einzige Schriftsprache. Die süd- und mitteldeutschen Mundarten bildeten allmählich die deutsche Standardsprache.

Auch heute sprechen noch viele Leute Dialekt, zum Beispiel Hessisch, Alemannisch, Bayrisch, Sächsisch oder Tirolerisch. Die Sprecher des Plattdeutschen (platt = nieder) haben sogar ihre eigene Fernsehsendung: *Talk op Platt*.

Viele österreichische Dialekte sind mit dem Bairischen verwandt. In der deutschsprachigen Schweiz ist Schwyzerdütsch Umgangssprache für alle.

3 Wissen Sie, wie viele Menschen Ihre Sprache als Muttersprache sprechen oder lernen?

4 Gibt es in Ihrer Muttersprache Wörter, die aus dem Deutschen kommen?

5 Wo sprechen die Leute Plattdeutsch?

Fränkisch:
Laabla

Südwestdeutschland:
Weck(en)

HAMBURG

BERLIN

Hochdeutsch:
Brötchen

Berlinisch:
Schrippe

KÖLN

FRANKFURT

Bayrisch:
Semmel (Hochsprache)

STUTTGART

WIEN

MÜNCHEN

In einem bayrischen Dorf weiß man wahrscheinlich nicht, was eine Schrippe ist. Aber alle kennen das Standardwort Brötchen.

Schwyzerdütsch:
Büri, Weggli

ZÜRICH

BERN

Österreichisch:
Semmel, Laibchen

10

Das Buch der Bücher

Zwei Männer waren sehr wichtig für die Verbreitung der deutschen Schriftsprache.

Johannes Gutenberg erfand die moderne Druckpresse und stellte damit die ersten Bücher her. Seine Bibelausgabe von 1455 war aber noch auf Lateinisch.

Der Kirchenreformator Martin Luther schrieb Bücher auf Deutsch und übersetzte als Erster die ganze Bibel ins Deutsche. Die Nach- und Raubdrucke seiner Werke machten ihn zum ersten Bestsellerautor.

Um 1520 war jedes dritte Buch in deutscher Sprache von Luther.

Deutsche Sprache, …

… schwere Sprache. Es ist nie einfach, eine fremde Sprache zu lernen und viele Leute glauben, Deutsch ist besonders schwierig. Sogar Martin Luther hatte sein ganzes Leben Probleme mit der Orthgra**ph**ie – oder Orthgra**f**ie, wie man jetzt schreiben darf.

Sprachen entwickeln und verändern sich ständig. Mit der Rechtschreibreform von 1996 ist vieles einfacher und logischer geworden, aber die meisten Leute gewöhnen sich schwer an die neuen Regeln. Schulanfänger und Ausländer, die Deutsch neu lernen, haben es leichter!

Deutsch ist sehr wortreich – man benutzt zwischen 300 000 und 500 000 Wörter. Was sind die größten Probleme? Die drei Artikel, die man auswendig lernen muss, und die vielen langen Wortzusammensetzungen.

Auch deutsche „Schachtelsätze" sind manchmal wahre Monster. Sie sind wie russische Holzpuppen: Man packt einen Nebensatz in einen Hauptsatz und in den Nebensatz wieder einen Satz und …

3480 Punkte für mich!

Stopp! Halt! Du kannst nicht den ganzen Tisch benutzen!!

DONAUDAMPFSCHIFFAHRTSGESELLSCHAFT

S F T S H S R

6 Was ist ein Raubdruck?

7 Welche Schwierigkeiten der deutschen Sprache werden im Text genannt?

8 Welches ist das längste Wort, das Sie auf Deutsch kennen?

Die liebe Familie

1 Was ist eine Familie? Eltern und Kinder? Gute Freunde? Oder ...?

„Zusammen sind wir 243 Jahre alt"

Ururgroßmutter Emma heiratete schon mit 17 Jahren, bekam mit 18 ihr erstes Kind und hatte mit 32 schon sieben Kinder.

„Haushalt und Kinder, das war ganz allein meine Aufgabe. Mein Mann hat sich darum nie gekümmert. Aber trotzdem war er der Herr im Haus."

„Mein Vater war sehr streng, wir Kinder haben ihn mehr gefürchtet als geliebt", sagt ihre Tochter, Magdalene. Auch sie heiratete ziemlich früh und hatte fünf Kinder.

Elisabeth ist ihr zweites Kind: „Ich habe nur gute Erinnerungen an meine Kindheit. Meine Eltern waren zwar oft streng, aber es gab nie Schläge oder Ohrfeigen." Sie machte das Abitur und wurde Fremdsprachensekretärin. Heute, zwei Jahre nach der Trennung von ihrem Mann, arbeitet sie wieder. Aber es ist nicht leicht für sie, allein und unabhängig zu leben.

Ihre Tochter Sabine kann das nur schwer verstehen: „Kevins Vater und ich leben zusammen, aber wir wollen nicht heiraten. Ich verdiene mein eigenes Geld und wir teilen uns die Arbeit im Haushalt. Wir sind auch eine Familie, aber eben etwas anders als früher!"

Und Kevin? Er findet es gut, dass er so viele Omas hat!

Ururgroßmutter Emma (91),
Urgroßmutter Magdalene (73), Großmutter Elisabeth (50),
Mutter Sabine (25) und Sohn Kevin (4) posieren für ein Familienfoto.

3 Was macht Kevin später als Erwachsener vielleicht wieder anders?

4 Warum ist Sabine nicht verheiratet? Was meinen Sie?

Graue Power

Der Rentner Rudolf S. (74) fühlt sich nicht mehr einsam und nutzlos. Er wird noch gebraucht. Sein Name steht in der Kartei des *Senior Experten Service,* denn der ehemalige Unternehmer hat Fachwissen und jahrzehntelange Berufserfahrungen. Er hilft Firmen in Deutschland und im Ausland.

In der Bonner Zentrale der Organisation sind über 4500 „Experten mit weißen Haaren" registriert. Projekte wie dieses geben den Alten sinnvolle Aufgaben in der Gesellschaft und die Jungen profitieren davon.

2 Wie sieht Kevins Stammbaum aus? Zeichnen Sie ihn und tragen Sie einige Namen ein!

5 Sollen die Alten bei den Enkeln wohnen? Oder im Altenheim? Diskutieren Sie!

Weniger Kinder, mehr Alte

In Deutschland gibt es immer mehr alte Menschen. Die Geburtenrate sinkt. Viele Paare wollen nur noch ein Kind oder gar keine Kinder. Die Statistiker sagen voraus: Im Jahr 2040 sind 30 Prozent der Bundesbürger älter als 65 und immer mehr leben allein.

6 Welche Probleme bringt diese Entwicklung: a) für junge Leute; b) für alte Leute?

7 Wie ist das in Ihrem Land? Gibt es dort auch weniger Kinder und mehr alte Menschen?

Auf Neudeutsch: Restfamilie

Ungefähr 2,6 Millionen Kinder in Deutschland wachsen nur bei der Mutter oder dem Vater auf. Die „komplette" Familie ist trotzdem immer noch das Ideal. Viele Leute denken, dass Kinder ohne Vater (oder Mutter) große Probleme und Nachteile in ihrem Leben haben. Stimmt das?

> *Aus mir ist auch ohne Vater etwas geworden. Er ist weggegangen, als ich fünf Jahre alt war. Erst seit kurzem habe ich wieder Kontakt zu ihm. Ehrlich gesagt, habe ich meinen Vater nicht groß vermisst. Meine Mutter und meine Großeltern haben sich gut um mich gekümmert.*

8 Was ist Ihre Meinung zu diesem Thema? Sind Sie in einer „kompletten" Familie groß geworden?

Beruf: Hausmann

Die meisten Männer in Deutschland arbeiten immer noch ganztags und die Frauen kümmern sich um Haushalt und Kinder. Aber zehn Prozent der deutschen Männer möchten gerne „Hausmann" sein – zumindest für ein paar Jahre. Tatsächlich gibt es aber sehr wenige Hausmänner. Das sind normalerweise jüngere, gebildete Männer mit progressiven Ideen – und ihre Partnerin hat einen guten Beruf.

> *Ich hatte die Nase voll vom Stress im Beruf, meine Frau wollte ihre Karriere nicht aufgeben. Wir haben die Rollen einfach getauscht. Einige Ex-Kollegen lachen, aber ich bin ganz zufrieden. Die Hausarbeit finde ich langweilig, aber ich bin froh, dass ich so viel mit meinen Kindern zusammen sein kann. Andere Männer spielen doch höchstens am Wochenende den Papa.*

9 Suchen Sie Synonyme im Text oben für die folgenden Ausdrücke: glücklich, den ganzen Tag, in der Tat, nicht interessant, ein paar, ich hatte genug!

10 Gibt es in Ihrem Land den „Beruf" Hausmann? Was denkt man darüber?

13

Die Lichter brennen

1 Was feiern Sie gerne?

2 Kennen Sie einen typischen Weihnachtsbrauch aus den deutschsprachigen Ländern?

Advent, Advent

Der Advent beginnt vier Sonntage vor dem Weihnachtsfest. In den Wohnungen, aber auch in öffentlichen Gebäuden oder am Arbeitsplatz, sieht man grüne Adventskränze mit vier roten Kerzen. An den vier Sonntagen vor dem *Heiligen Abend* zündet man jeweils eine Kerze an. Die Kinder bekommen einen Adventskalender: Darin finden sie Schokolade oder kleine Geschenke für jeden Tag vom 1. bis zum 24. Dezember.

Der 6. Dezember ist der Nikolaustag. Am Abend vorher stellen die Kinder ihre Schuhe vor die Tür. Am nächsten Morgen finden sie dann Süßigkeiten und kleine Geschenke darin. Sie glauben, der Nikolaus hat sie gebracht.

Manchmal kommt der Nikolaus mit einem schwarzbemalten Kerl als Begleiter. Er heißt Krampus und macht den kleinen Kindern Angst.

Solche Adventskarusselle, nur viel kleiner natürlich, gehören in vielen Familien zur weihnachtlichen Dekoration. Der „Riese" steht im Spielzeugmuseum in Seiffen im Erzgebirge.

Die Weihnachtszeit ist heute oft hektisch und von Kommerz bestimmt. Aber einige Weihnachtsmärkte sind noch sehr stimmungsvoll – der Christkindlmarkt hier in Nürnberg ist schon 350 Jahre alt.

In der Adventszeit bastelt und backt man viel zu Hause.

3 Viele Leute finden, die Weihnachtszeit hat nichts mehr mit Christi Geburt zu tun. Was meinen Sie?

14

Alle Jahre wieder

🎧 Weihnachten ist immer noch das wichtigste Familienfest. Es beginnt in Deutschland am Abend des 24. Dezember, dem *Heiligen Abend*. Die Eltern und die älteren Kinder schmücken den Weihnachtsbaum während des Tages. Am Abend ist dann die Bescherung – man verteilt die Geschenke. Die kleinen Kinder glauben, dass das Christkind (sie stellen es sich als Engel vor) oder der Weihnachtsmann die Geschenke bringt. Oft sagen die Kinder ein kleines Gedicht auf und viele Familien singen zusammenn Weihnachtslieder.

An den Weihnachtsfeiertagen (am 25. und 26. Dezember) isst und trinkt man sehr viel. Typische Weihnachtsgerichte sind gebratene Gans, gefüllt mit Äpfeln und Rosinen, Truthahn oder Karpfen.

4 Wie feiert man in Ihrem Land Weihnachten?

Der Tannenbaum als Weihnachtssymbol kommt ursprünglich aus Deutschland. Heute hat man in vielen Ländern der Erde einen Weihnachtsbaum.

Wie die Nachbarn feiern

🎧 Auch in Österreich und der Schweiz liegen am 24. Dezember die Geschenke unter dem Weihnachtsbaum. In katholischen Familien steht dort auch oft eine Krippe mit der Heiligen Familie im Stall von Bethlehem.

Der 24. Dezember war früher bei den Katholiken ein Fasttag. Deshalb gibt es vor allem in einigen Regionen Österreichs am Heiligen Abend ein ganz einfaches Essen, z. B. Fisch oder Würstchen. Gläubige besuchen natürlich an diesem Abend auch den Gottesdienst, die Weihnachtsmesse.

In der Schweiz arbeitet man am 24. Dezember oft bis 16 Uhr und hat dann wenig Zeit für Essensvorbereitungen. In vielen Familien gibt es Fondue oder gefüllte Pasteten. Am ersten Weihnachtsfeiertag kommt traditionellerweise Geflügel auf den Tisch: Gans, Ente oder auch Truthahn. Und zwischendurch locken selbstgebackene *Guetzli* (Schwyzerdütsch für Plätzchen, Kekse) oder Christstollen und Lebkuchen.

Im Salzburger Land sammeln die Sternsinger Geld für die Armen.

5 Was ist eine Krippe?

Kirche, Feste und Bräuche

1 Welche Feste und Bräuche in Ihrem Land sind ursprünglich religiös?

Silvester

Am Silvesterabend (31. Dezember) finden überall Partys und Silvesterbälle statt. Die Leute feiern mit der Familie und Freunden, meistens sehr laut und lustig. Ein beliebter Silvesterbrauch ist das Bleigießen: Man schmilzt Blei und taucht es in Wasser. Aus den entstehenden Formen und Figuren versucht man die Zukunft zu lesen.

Um Mitternacht trinken alle Sekt und wünschen sich „ein frohes neues Jahr". Dann geht man nach draußen und bewundert das Feuerwerk und zündet selbst ein paar Raketen und Knaller an.

2 Wie feiert man in Ihrem Land den Jahreswechsel?

Kirche und Glaube

	D	A	CH
katholisch	*34,4%	78,0%	46,1%
protestantisch	35,3%	5,0%	40,0%
andere	† 2,9%	4,5%	5,0%
keine Angaben	27,4%	12,5%	8,9%

* In Süddeutschland ist der Anteil der Katholiken sehr viel höher.
† Unter den anderen Konfessionen ist der Islam in Deutschland die größte. Die Angehörigen sind zu 80% türkische Bürger.

> Nee, ich hab mit der Kirche eigentlich nichts zu schaffen. Früher, zu DDR-Zeiten, hieß es ja sowieso: Religion is' Opium fürs Volk. Da waren nur wenige in der Kirche, die meisten in der evangelischen. Ich find's aber gut, wenn die Kirchen sich um Kranke oder Alte kümmern. Und letztes Jahr war ich sogar am Weihnachtsabend im Gottesdienst – meiner Mutter zuliebe!

Ostern

Ostern ist ein christliches Fest, aber die Bräuche kommen aus der Zeit vor dem Christentum. Der „Osterhase" bringt kleinen Kindern Süßigkeiten und versteckt sie in der Wohnung und im Garten. Die Kinder suchen die Eier und Hasen aus Schokolade.

3 Beschreiben Sie die Osterbräuche in Ihrer Heimat!

4 Wie wichtig ist die Religion für die Menschen in Ihrem Land?

In Österreich gibt es spezielle Traditionen wie z. B. die Palmweihe.

Karneval

Im Rheinland sagt man Karneval, in Schwaben und in der Schweiz Fas(t)nacht und in Bayern Fasching. In diesen Regionen feiert man die Karnevalszeit im Februar auch am intensivsten.

Im Mittelalter und noch früher wollten die Menschen mit hässlichen Masken und viel Lärm die Geister des Winters vertreiben. Man feiert den Karneval sehr unterschiedlich in den einzelnen Regionen, aber Singen, Tanzen, viel Lärm und (viel) Alkohol gehören immer dazu.

Kostüme und Masken gehören zum Karnevalstreiben.

Ich bin in Köln geboren und aufgewachsen und ein Jahr ohne Karneval kann ich mir überhaupt nicht vorstellen. Richtig los geht es am Donnerstag vor Aschermittwoch mit der Weiberfastnacht. Am Rosenmontag und Faschingsdienstag feiern alle draußen auf den Straßen und Plätzen. Das Schöne am Karneval für mich ist, dass die Leute den normalen Alltag einfach mal vergessen.

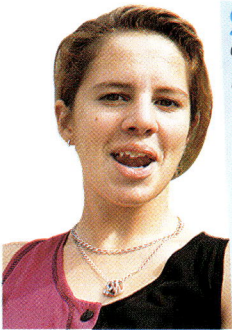

5 Richtig oder falsch?
a Am Rosenmontag und am Faschingsdienstag ist in Köln am meisten los.
b In der Schweiz heißt der Karneval Fasching.
c Beim Rosenmontagsumzug feiern alle auf den Straßen.

6 Gibt es in Ihrem Land auch Karneval? Oder andere Feste, für die man sich verkleidet?

Brezeln, Bier und Blasmusik

Das Münchner Oktoberfest ist für die vielen Besucher aus aller Welt d a s deutsche Bierfest. Es beginnt schon im September, endet am ersten Sonntag im Oktober und hat seit 1810 fast jedes Jahr stattgefunden. Früher war das Oktoberfest auch Messe und Markt für die Landwirtschaft; heute ist es eine riesige Kirmes mit Essen, Trinken und bayrischer Folklore.

Jede der großen Münchner Brauereien stellt ein eigenes Bierzelt auf. Wer dort als Kellnerin arbeiten will, muss kräftig sein: fünf bis sechs Maß Bier (1 Maß = 1 Liter) in jeder Hand sind keine Kleinigkeit!

7 Schreiben Sie mit Hilfe der statistischen Informationen einen kurzen Bericht (z. B.: Das Münchner Oktoberfest hat über 6 Millionen Besucher ...)!

Oktoberfest München
19. 9. – 4. 10. 98
Besucher: über 6 Millionen
Bierverbrauch: über 5 Mio. Liter
Schnaps/Sekt: fast 50 000 Liter
Würstchen: über 200 000 Paar
Brathendl: ca. 700 000
Schausteller: ca. 220
Müll: 500 Tonnen

So wohnt man

1 Wie wohnen die Teilnehmer in Ihrem Kurs? Machen Sie eine Umfrage!

Mieten oder besitzen?

Nur 40% der Bundesbürger besitzen eine Eigentumswohnung oder ihr eigenes Haus, viel weniger als in anderen europäischen Ländern. Nur in der Schweiz gibt es noch weniger Haus- und Wohnungseigentümer. Fast zwei Drittel der Wohnungen in Deutschland sind Mietwohnungen.

Wer die Miete (durchschnittlich 16,5% des Nettoeinkommens) nicht „verschenken" möchte, kauft eine Wohnung oder lässt ein Haus bauen. Normalerweise nimmt man dafür einen hohen Kredit von der Bank auf. Die stolzen Besitzer eines neuen Eigenheims sind also erst einmal „haushoch" verschuldet.

99 Also ich finde es besser zur Miete zu wohnen. Gerade in der heutigen Zeit ist es doch wichtig mobil zu bleiben. Außerdem könnte ich nachts nicht mehr ruhig schlafen, wenn ich so hohe Schulden hätte wie die meisten Häuslebauer. 66

99 Ein eigenes Haus ist doch eine tolle Sache. Hier kann mir niemand Vorschriften machen oder kündigen. Meine Frau und ich haben alles nach unseren Vorstellungen geplant. Wenn alles gut geht, sind wir in zehn Jahren schuldenfrei. Wer zur Miete wohnt, schmeißt sein Geld doch zum Fenster raus. 66

Um ihren Traum vom Eigenheim – und sei es nur ein Reihenhaus – zu verwirklichen, investieren viele Familien eine Menge Geld und Arbeit!

2 Was sind die Vor- und Nachteile einer Mietwohnung?

Wohnungen in diesen schnell und billig hochgezogenen Fertigbauten („Plattenbauten") waren zu DDR-Zeiten sehr begehrt. Inzwischen wurde ein Großteil mit viel Geld saniert.

3 Was sind Plattenbauten? Wo findet man sie?

4 Sehen Sie sich die Fotos an! Wo möchten Sie am liebsten wohnen?

5 Beschreiben Sie Ihr persönliches Traumhaus!

Diese kommunalen Wohnanlagen wie der Karl-Marx-Hof sind in den 20er-Jahren in Wien entstanden. Man nannte sie Volkswohnpaläste, weil sie mit Bädern, Kindergärten und Waschküchen komfortabel und sozial waren.

Statistisch gesehen ...

... wohnen die Deutschen nicht schlecht. Sie haben ausreichend Platz: im Durchschnitt über 30 Quadratmeter pro Person. Und die meisten haben Heizung, Bad/Dusche und WC. Haushalte, die wenig Einkommen haben, können Wohngeld beantragen (das ist ein Zuschuss zur Miete) oder das Sozialamt übernimmt die Mietzahlung.

Statistisch gesehen ... sind aber auch über eine Million Menschen in Deutschland obdachlos. Es gibt zu wenig preiswerte Sozialwohnungen und immer mehr Menschen, die aus dem sozialen Netz rausfallen. Vor allem allein stehende Arbeitslose und Ausländer, aber auch Rentner und kinderreiche Familien, landen in Heimen und Containern oder im schlimmsten Fall auf der Straße.

99 *Ich bin arbeitslos geworden, konnte die Miete nicht mehr zahlen. Zuerst bin ich bei 'nem Kumpel untergekommen. Aber das war alles ziemlich stressig, seine Freundin wollte mich raushaben. Jetzt schlafe ich im Heim. Mit dem Verkauf der Obdachlosenzeitung verdien' ich 'n paar Mark. Is' nicht viel, aber vielleicht komm' ich dadurch wieder hoch.* 66

6 Welche Hilfen gibt es für sozial schwache Mieter?

7 Wie kann man Ihrer Ansicht nach Obdachlosen helfen?

Deutschland privat

Das deutsche Wort „Gemütlichkeit" lässt sich nur schwer in andere Sprachen übersetzen. Die Deutschen, Österreicher und Schweizer haben es gern gemütlich und sie verbringen viel Zeit in ihren vier Wänden. Der zentrale Raum ist meistens das Wohnzimmer.

Es ist fast überall ähnlich eingerichtet: es gibt ein bequemes Sofa mit passenden Sesseln, einen niedrigen Couchtisch, eine Schrankwand oder Bücherregale, Stehlampen, einige Zimmerpflanzen, nicht zu vergessen die Kissen auf dem Sofa und die Bilder an der Wand darüber.

Meistens hängen Gardinen und Vorhänge an den Fenstern. So will man seine private Sphäre vor fremden Blicken schützen.

8 Beschreiben Sie die zwei Wohnzimmer!
  a Gibt es Unterschiede?
  b Wer wohnt hier, meinen Sie?
  c Sehen Wohnzimmer in Ihrem Land anders aus?

Schul- und Lehrjahre

1 Wann beginnt in Ihrem Land die Schulpflicht? Wann endet sie?

Schule muss sein!

Schüler in Deutschland gehen im Durchschnitt lange zur Schule. Es kann sein, dass sie erst mit 20 oder sogar 21 Jahren mit der Schule fertig sind!

Ab drei Jahren gehen viele Kinder in den Kindergarten. Wenn sie sechs Jahre alt sind, beginnt mit der Grundschule der „Ernst des Lebens". Am ersten Schultag bekommt jedes Kind eine Schultüte – das ist eine große, bunte Papptüte mit Bonbons und kleinen Geschenken.

In der ersten und zweiten Klasse ist der Unterricht noch sehr spielerisch. Ab der dritten Klasse schreiben die Schüler regelmäßig Klassenarbeiten und bekommen Noten dafür. Wenn ein Schüler am Ende des Schuljahrs sehr schlechte Noten hat, muss er die Klasse wiederholen. „Sitzen bleiben" nennt man das.

„ Bei uns fängt der Unterricht um acht an. Aber ich muss nur zweimal in der Woche bis zwanzig nach eins bleiben. An den anderen Tagen kann ich schon früher gehen. Wir haben eine große Pause und später noch eine kleine, aber die vergehen immer viel zu schnell. Zum Mittagessen gehe ich nach Hause. Manchmal gehe ich nachmittags in die Schule, aber freiwillig. Ich mache bei zwei Arbeitsgruppen mit – bei der Tanz- und der Theater-AG. "

2 Was bedeutet „sitzen bleiben"?

3 Schreiben Sie einem Freund in Deutschland und berichten Sie von Ihrem Schulalltag!

Die richtige Wahl

Nach der Grundschule gibt es drei große Schultypen: Hauptschule, Realschule und Gymnasium. Eine Alternative dazu ist die Gesamtschule. Dort sind alle drei Schulformen unter einem Dach und für die Schüler ist es einfacher, den Schultyp zu wechseln.

Die Hauptschule endet mit der 9. oder 10. Klasse. Die meisten Jugendlichen machen dann eine Lehre und besuchen gleichzeitig die Berufsschule.

Die Realschule bereitet auf technische, kaufmännische und soziale Berufe vor. Realschüler machen nach der 10. Klasse ihren Abschluss, die sogenannte Fachoberschulreife. Mit diesem Abschluss kann man später auch noch studieren.

Gymnasiasten gehen am längsten zur Schule: bis zum Abitur nach der 12. oder 13. Klasse. Dann sind sie aber noch lange nicht mit der Ausbildung fertig. Viele Abiturienten machen heute zusätzlich eine Lehre, bevor sie zur Universität gehen.

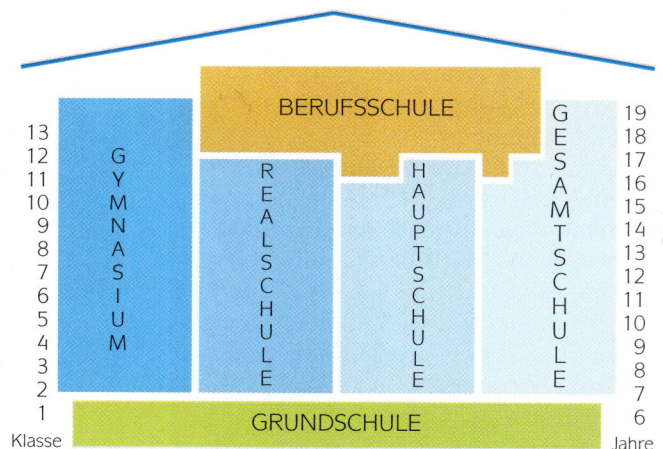

Klasse					Jahre
13	GYMNASIUM	BERUFSSCHULE		GESAMTSCHULE	19
12					18
11		REALSCHULE	HAUPTSCHULE		17
10					16
9					15
8					14
7					13
6					12
5					11
4					10
3					9
2					8
1	GRUNDSCHULE				6

Andere Schulsysteme

In Österreich ist das Schulsystem ähnlich wie in Deutschland. In der Schweiz jedoch spielen die politischen, kulturellen und sprachlichen Unterschiede eine Rolle. Es gibt 26 Kantone und deshalb auch 26 verschiedene Schulstrukturen. Das Abitur heißt in beiden Ländern Matura.

Waldorfschulen

Nur wenige Schüler in Deutschland besuchen private Schulen. Waldorfschulen gibt es aber in jeder größeren Stadt. Der Name kommt von der Waldorf-Astoria-Zigarettenfabrik in Stuttgart. Der Österreicher Rudolf Steiner hat dort im Jahre 1919 die erste Waldorfschule aufgebaut. Sie war für die Kinder der Fabrikarbeiter.

An diesen sogenannten freien Schulen gibt es kein Sitzenbleiben und kein traditionelles Notensystem. Die Waldorfschüler haben Unterricht in allen üblichen Fächern und werden auf staatliche Prüfungen vorbereitet, aber die handwerkliche und künstlerische Erziehung ist auch sehr wichtig. Neben Malen, Musik und Eurythmie lernen die Schüler auch Tischlern, Töpfern, Buchbinden und vieles mehr.

Rudolf Steiner, Gründer der Waldorfschulen, und heutige Waldorfschüler in Lüneburg.

4 In welchen Punkten unterscheiden sich Waldorfschulen von staatlichen Schulen?

Lehre oder Abi?

Stefanie macht jetzt seit einem Jahr eine Lehre als KFZ-Mechanikerin. Ihre Eltern wollten, dass sie erst das Abitur macht, aber Stefanie sagt, dass sie ja nach der Lehre noch an die Fachoberschule gehen und dann studieren kann.

Stefanie ist froh, dass sie sich für einen technischen Beruf entschieden hat. Die Arbeit in der Werkstatt macht ihr Spaß, auch wenn sie abends schmutzig und hundemüde nach Hause kommt. Einmal in der Woche muss sie in die Berufsschule. Dort hat sie weiter allgemeinen Unterricht in Fächern wie Deutsch, Englisch, Sport, aber auch in speziellen berufstheoretischen Fächern.

Michael geht noch ins Gymnasium und macht dieses Jahr Abitur. Er möchte Journalist werden. Hier beschreibt er seine Pläne.

5 Kennen Sie Frauen, die in traditionellen Männerberufen arbeiten oder umgekehrt?

99 *Nach dem Abitur möchte ich erstmal ein Jahr lang was ganz anderes machen. Ich werde in Neuseeland auf einem Bauernhof arbeiten. Wenn ich zurückkomme, möchte ich Politik und Chinesisch studieren. Das Studium kann ziemlich lange dauern. Ich schätze, dass ich erst mit 27 fertig bin!* **66**

21

Noch mehr Bildung

1 Wie lange dauert in Ihrem Land ein Studium?

2 Muss man Studiengebühren bezahlen?

An der Uni

Viele Studenten an einer deutschen Uni haben erst mit 28 Jahren oder noch später ihr Diplom in der Tasche. Fast zwei Drittel aller Abiturienten entscheiden sich für ein Hochschulstudium: das bedeutet – theoretisch – acht oder neun Semester studieren, pro Jahr zwei Semester. Warum dauert dann ein Studium in Deutschland durchschnittlich 13 Semester?

Die Studiengebühren sind noch sehr niedrig, aber Wohnen und Lebenshaltung sind teuer. Viele Studenten müssen deshalb neben dem Studium jobben. Die jungen Männer müssen nach dem Abitur erstmal zur Bundeswehr oder Zivildienst leisten.

Zahlreiche Studenten wechseln auch nach einigen Semestern das Studienfach.

Jura und Betriebswirtschaft gehören seit Jahren zu den Einschreibungshits der deutschen Studenten. Die beliebtesten Universitätsstädte sind München, Berlin und Köln.

Die Universität Heidelberg ist Deutschlands älteste.

TOP 10

Zahl der Studienanfänger	
Betriebswirtschaft	19 429
Rechtswissenschaft	14 080
Germanistik	12 530
Bauingenieurwesen	9 841
Wirtschafts-wissenschaften	9 275
Medizin	7 087
Elektrotechnik	6 623
Maschinenbau	6 394
Architektur	5 574
Biologie	5 179

Studieren – wie und wo?

Für Susanne aus Ingolstadt war es gar nicht so einfach, einen Studienplatz in München zu bekommen. In ihrem Fach Medizin gibt es nur eine begrenzte Anzahl Studienplätze: die Abiturnoten und eine Aufnahmeprüfung entscheiden.

Auch andere Fächer wie Jura und Maschinenbau sind überlaufen. Die Seminare sind überfüllt und persönliche Kontakte zwischen Professoren und Studenten gibt es selten. Trotzdem will Susanne nirgendwo anders hin. Denn in München ist immer etwas los und Jobs für Studenten gibt es auch.

Andreas aus Köln ist zum Studium nach Ostdeutschland gegangen. Er studiert seit drei Semestern an der Fachhochschule Neubrandenburg Agrarwirtschaft.

In Neubrandenburg gibt es ein paar Kneipen und Klubs und man lernt sehr schnell andere Studenten kennen.

In den Seminaren gibt es noch genügend Sitzplätze und die Dozenten und Professoren haben immer ein offenes Ohr und Zeit für die Studenten.

3 In welcher der beiden Städte würden Sie lieber studieren? Warum?

Praxis ist alles

In manchen Fächern ist das Studium viel zu theoretisch und bereitet nicht wirklich aufs Arbeitsleben vor.

„Haben Sie schon Berufserfahrung?" Diese Frage hören viele Studenten, wenn Sie nach dem Studium einen Arbeitsplatz suchen. In einigen Fachbereichen, z. B. bei den Ingenieuren, gehören Praktika vor Beginn und während des Studiums dazu. Aber Studenten anderer Fachrichtungen lernen an den Unis vor allem graue Theorie.

Ein zusätzliches Praktikum, das meistens mehrere Monate dauert, bringt deshalb Pluspunkte bei der Bewerbung. Das wissen auch die Unternehmen: Sie zahlen oft für das Praktikum keinen Pfennig!

4 Haben Sie Ideen, wie man das beschriebene Problem der Studenten anders lösen könnte?

Ein Leben lang lernen

Früher haben Schule und Universität das Wissen für ein ganzes Leben vermittelt. Heute versteht man Bildung als einen Lernprozess, der sich durch das ganze Leben zieht. Für viele Berufstätige bedeuten neue Technologien und Arbeitsmethoden, dass sie immer dazu lernen müssen. Größere Unternehmen organisieren Schulungen und Trainingsprogramme für ihre Mitarbeiter.

In einigen deutschen Bundesländern können Arbeitnehmer sogar extra Urlaub für Weiterbildung nehmen – bezahlt natürlich!

In größeren Orten der Bundesrepublik gibt es die Volkshochschulen. Sie bieten ein Bildungsprogramm für alle Bevölkerungs- und Altersgruppen an. Man kann dort für wenig Geld eine Fremdsprache lernen, an einem Computer-Kurs oder einem Yoga-Kurs teilnehmen oder sich mit politischen, literarischen und wissenschaftlichen Themen beschäftigen.

Nachdem meine Kinder aus'm Gröbsten raus waren, wollte ich wieder arbeiten. Ich hab ja Fremdsprachensekretärin gelernt, aber heute verlangen natürlich alle Computerkenntnisse. Da hab ich an der VHS einen Jahres-Lehrgang besucht. So hab ich's dann geschafft wieder in meinen alten Beruf reinzukommen.

5 Welche Möglichkeiten der Weiterbildung finden Sie im Text?

6 Was kann man an einer Volkshochschule lernen?

Das halbe Leben

❶ „Arbeit ist das halbe Leben", sagt ein deutsches Sprichwort. Wie verstehen Sie diese Aussage? Welchen Platz soll die Arbeit im Leben einnehmen? Was meinen Sie?

❷ Die Deutschen und ihr Verhältnis zur Arbeit: Was fällt Ihnen dazu ein?

Arbeitsleben

In aller Welt sind die Deutschen berühmt für ihren Arbeitsfleiß und ihre Disziplin. Die Statistiker dagegen nennen die Deutschen „Freizeit-Weltmeister", weil sie relativ wenig arbeiten und viele freie Tage haben.

Die Arbeitsbedingungen sind in Deutschland genau geregelt. Jemand, der eine reguläre Anstellung hat, ist rechtlich und sozial weitgehend geschützt.

Aber die wirtschaftlichen und sozialen Strukturen in der BRD ändern sich. Die Situation auf dem Arbeitsmarkt und im Beruf ist härter geworden. Arbeitslosigkeit ist inzwischen ein Teil der Lebenserfahrung vieler Menschen in Deutschland, egal ob Jung oder Alt, Mann oder Frau, Akademiker oder Nicht-Akademiker.

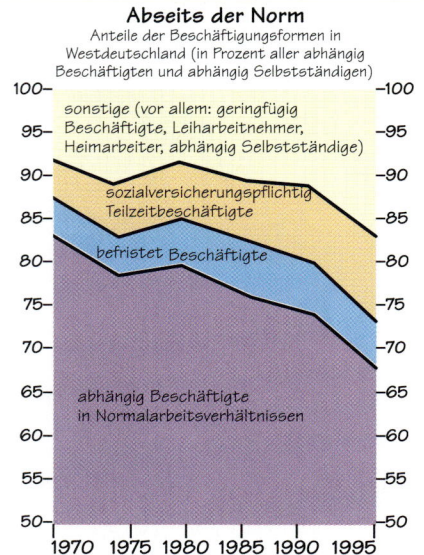

Abseits der Norm
Anteile der Beschäftigungsformen in Westdeutschland (in Prozent aller abhängig Beschäftigten und abhängig Selbstständigen)

In Zukunft werden Arbeitsverhältnisse, die nicht mehr so sicher und stabil sind, normal sein: Anstellung auf Zeit, Leiharbeit, freiberufliche Tätigkeit usw.

Mehr Arbeit

Verglichen mit Deutschland und Österreich arbeiten die Schweizer mehr: die durchschnittliche Arbeitszeit beträgt 42,3 Stunden. Schweizer Arbeitnehmer gehören aber auch zu den bestbezahlten aller Industrieländer. Die Arbeitslosenquote in der Schweiz ist relativ niedrig. Auch Österreich hat weniger Arbeitslose als die meisten EU-Länder.

❸ Wie stellen Sie sich Ihre berufliche Zukunft vor?

Arbeit und Soziales

Arbeitszeit pro Woche	38,4 Stunden im Durchschnitt; 1994 Einführung der 35-Stunden-Woche
Bezahlter Urlaub	Durchschnittlich sechs Wochen im Jahr
Krankheit, Krankenversicherung	In den ersten sechs Wochen zahlt der Arbeitgeber den Lohn weiter, danach zahlen die Krankenkassen Krankengeld (max. 78 Wochen)
Pflegeversicherung	Finanziert die Hilfe für Menschen, die Pflege brauchen, z. B. Behinderte oder chronisch Kranke
Arbeitslosenversicherung	Arbeitslosengeld, Erziehungsgeld, Weiterbildung und andere Hilfen werden aus dieser „Kasse" gezahlt
Rentenversicherung	Das Eintrittsalter für Rentner liegt zwischen 60 und 65

Für die gesamte Sozialversicherung zahlen Arbeitnehmer in Deutschland über 20% ihres Lohns.

❹ Vergleichen Sie die Sozialversicherung in Deutschland mit dem Versicherungssystem in Ihrem Land!

Bei VW arbeiten

Der Volkswagenkonzern besitzt in
Deutschland acht Fabriken. Die größte
davon ist das VW-Werk in Wolfsburg.
Hier arbeiten ungefähr 48 000 Menschen,
viele von ihnen im Team und in Schichten.
Volkswagen hat die 30-Stunden-Woche
eingeführt und damit Jobs gerettet. Aber die
Arbeiter verdienen auch weniger als früher.

5 Glauben Sie, dass bald immer mehr
Menschen 30 Stunden (und
weniger) pro Woche arbeiten?

Auf dem Arbeitsamt

Endstation Arbeitsamt? Eins ist sicher: Die Angestellten
der deutschen Arbeitsämter haben genug zu tun. Aber sie
können nicht allen weiterhelfen. Besonders schwierig ist
die Situation für die sogenannten Langzeit-Arbeitslosen.

*„ Vor drei Jahren hatte ich die
Bandscheibenoperation und das war's.
Eineinhalb Jahre hab ich Krankengeld
bekommen, danach Arbeitslosengeld
vom Arbeitsamt. Das reicht kaum zum
Leben. Ich hab keine große Hoffnung,
dass ich nochmal Arbeit finde. Zu alt,
sagen die auf 'm Arbeitsamt. „*

*„ Nach dem ersten Kind und
zwei Jahren Erziehungsurlaub
hatte ich wieder meinen alten
Arbeitsplatz im Kindergarten,
aber dann kam Lorenz. Als
allein stehende Mutter mit
zwei Kindern voll berufstätig?
Ich weiß nicht mehr, wie ich
das geschafft habe. Aber vom
Arbeitslosengeld oder von
Sozialhilfe hätten wir überhaupt
nicht leben können. „*

6 Welche besonderen sozialen und
psychischen Probleme können Langzeit-
Arbeitslose haben? Was denken Sie?

Gewerkschaften

*Ungefähr jeder dritte
Arbeitnehmer ist in Deutschland
Mitglied einer Gewerkschaft. Es
gibt 15 Einzelgewerkschaften;
sie sind im Deutschen
Gewerkschaftsbund
zusammengeschlossen. Im
Vergleich zu anderen europäischen
Ländern wird in Deutschland nicht
sehr oft gestreikt.*

*ÖTV bedeutet Öffentliche
Dienste, Transport und
Verkehr. Wenn die
Mitglieder dieser
Gewerkschaft streiken,
wird das öffentliche Leben
besonders gestört.*

*Die Deutsche
Angestellten-
Gewerkschaft ist die
größte eigenständige
Angestellten-
Gewerkschaft
Europas.*

*In der Gewerkschaft
Erziehung und
Wissenschaft sind
besonders viele Frauen
organisiert, vor allem
Erzieherinnen und
Lehrerinnen.*

25

Sport

1 Kennen Sie Sportler aus Deutschland, Österreich oder der Schweiz? Welche Sportarten üben diese Sportler aus?

„König Fußball"

Spieler wie Uwe Seeler, Günter Netzer, Franz Beckenbauer und Jürgen Klinsmann, Vereine wie Borussia Dortmund, Schalke 04, Hamburger SV: Fußballfans in aller Welt kennen diese Namen.

Über 5,6 Millionen Mitglieder und mehr als 100 000 Mannschaften sind heute im Deutschen Fußballbund (DFB) organisiert. Auch bei Mädchen und Frauen ist Fußball der beliebteste Mannschaftssport. Fast jedes Dorf hat seinen Fußballklub. Ohne die lokalen Amateur- und Jugendvereine wäre der deutsche Fußball nicht das, was er ist: Ein Spiel um Millionen (DM), aber auch für und von Millionen.

Beckenbauer zeigte der Welt, dass auch ein deutscher Fußballer elegant und leichtfüßig spielen kann.

Kaiser Franz

Der Franz, der kann's: das Fußballspielen natürlich! Er begann seine Karriere als Spieler des erfolgreichen F.C. Bayern und war ab 1965 in der Nationalmannschaft. Franz Beckenbauer wurde zweimal Weltmeister: einmal als Spieler 1974 in Deutschland und einmal als Bundestrainer 1990 in Italien. Als Präsident des F.C. Bayern ist der „Kaiser" dem Fußball bis heute treu geblieben.

2 Wann machte Beckenbauer was? Finden Sie die passende Jahreszahl: 1965, 1974, 1990!
a Er trainierte die deutsche Weltmeister-Mannschaft.
b Er spielte zum ersten Mal für Deutschland.
c Er spielte für Deutschland im Endspiel der Weltmeisterschaft.

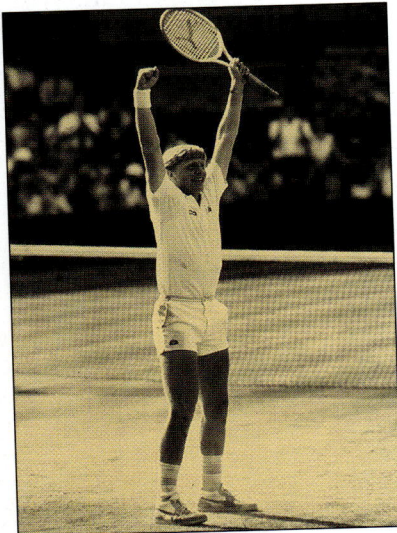

Tennis und mehr

Tennis ist nicht mehr ein Spiel nur für die „bessere Gesellschaft", sondern ein Sport für alle. Nach den Erfolgen von Becker und Graf war Deutschland im „Tennisfieber".

Aber das Turnen ist bei den Deutschen noch beliebter als Tennis, vor allem bei Mädchen und Frauen.

Auf Platz 4 der Sportparade findet man den Schießsport, dicht gefolgt von den Leichtathleten.

Auch das Laufen ist in Deutschland ein Volkssport. Jedes Jahr sind überall Volks- und Marathonläufe: Tausende von Menschen aller Altersgruppen nehmen daran teil.

Die Sensation! Boris Becker, 17 und völlig unbekannt, wird 1985 Sieger in Wimbledon. Der sympathische Tennisstar repräsentiert heute den Typ des intelligenten und weltoffenen Sportlers.

3 Tragen Sie die beliebtesten Sportarten und ihre Symbole ein!

Sportparade der Deutschen

1 ....   4 ....

2 ....   5 ....

3 ....   6 ....

4 Welche Sportarten sind in Ihrem Land beliebt?

Das Wandern ist …

... des Müllers Lust. Wandern bedeutet für die Deutschen mehr als nur spazieren gehen oder Ausflüge machen. Um 1900 begeisterten sich junge Leute, Arbeiter und Studenten für das einfache Leben in der Natur und gründeten die „Wandervogel"-Bewegung. Heute geht es nicht mehr so romantisch zu wie damals, auch wenn man oft noch die alten Wanderlieder singt.

Die Deutschen sind auch gern mit dem Fahrrad unterwegs. Ausländer staunen oft über die vielen, gut markierten Radwege nicht nur in landschaftlich schönen Gebieten, sondern auch in der Stadt.

Ungefähr die Hälfte aller Urlauber in Österreich kommt zum Wandern. August und September sind ideale Monate dafür.

5 „Wandern", „spazieren gehen" – wie kann man sich noch zu Fuß fortbewegen? Suchen Sie weitere Verben im Wortfeld „gehen"!

Sport alpin

Bergsteigen und Skifahren – die Alpen sind in Europa das Eldorado für Anhänger dieser Sportarten. Überall gibt es riesige Skigebiete, z. B. am Arlberg in Österreich oder in Zermatt und Davos in der Schweiz. Schon als kleines Kind lernt man dort auf den „Brettern" ins Tal zu sausen. Kein Wunder, dass die Schweiz und Österreich im Skisport ganz vorn liegen.

Nicht Österreicher oder Schweizer, sondern Engländer waren übrigens vor über 100 Jahren die sportlichen Pioniere in den Alpen. Seitdem hat sich viel verändert. Die Einsamkeit der Berge findet man heute kaum noch; der Massensport zeigt seine Schattenseiten: Hotels, Straßen, Skipisten und Seilbahnen zerstören an vielen Orten die natürliche Schönheit der Alpen.

Nicola Thost aus Pforzheim war 1998 Olympiasiegerin auf dem Snowboard.

Der österreichische Extremkletterer Thomas Bubendorfer liebt das Risiko. Ganz allein ohne Seil und ohne Haken „geht" er senkrechte Bergwände hoch wie hier im österreichischen Tennengebirge.

6 Warum macht man gefährliche Sportarten?

7 Finden Sie Wörter im Text, die etwas mit „Ski" zu tun haben (z. B. Skigebiete)!

27

Freizeit und Urlaub

1 Haben Sie mehr Freizeit als Ihre Eltern früher hatten? Diskutieren Sie!

Freizeit: aktiv und passiv

Wenn man den Statistiken glauben will, sind die Bundesbürger „Freizeit-Weltmeister". Was machen die Deutschen aber mit ihrer vielen freien Zeit?

Sie verbringen einen Großteil davon zu Hause: Musik hören, Fernsehen und Zeitung lesen sind die drei beliebtesten Beschäftigungen. Jeder Bundesbürger ab drei Jahren sitzt durchschnittlich 200 Minuten pro Tag vor dem Fernsehapparat. Trotzdem ist das Medium Buch nicht „out" – die Deutschen und Schweizer sind auch fleißige Bücherleser. Das kann man von den Österreichern nicht sagen: Über 42% lesen nie ein Buch. Dafür geht man im Alpenland öfter ins Theater.

Freizeit aktiv und kreativ nutzen – das machen zum Beispiel viele Teilnehmer der Volkshochschulen. Sie lernen dort Tango, Yoga oder auch Italienisch, sie hören literarische Vorträge und surfen durch das Internet.

Zu den aktiven Freizeit-Hits gehören das Joggen, Radfahren, Wandern und Spazierengehen.

2 Wie viele Fremdwörter erkennen Sie im Text? Machen Sie eine Liste!

3 Sehen Sie mehr oder weniger fern als die Deutschen?

4 Verbringen Sie Ihre Freizeit lieber aktiv oder passiv?

Das Vereinsleben

„Im Verein ist es doch am schönsten", sagt das Individuum und tut sich mit anderen zusammen.

Seit fast zwei Jahrhunderten gründen die Deutschen die sogenannten „Evaus" – e. V. bedeutet: „Eingetragener Verein". Nicht nur für Spaß und Sport, sondern auch um anderen zu helfen oder gemeinsame Interessen zu vertreten.

Tango tanzen, Tauben züchten, Skat spielen – für fast alle Freizeittätigkeiten gibt es den passenden Verein.

Man findet die meisten Mitglieder in Sportvereinen, Kegelklubs und Schützenvereinen. Auf dem Land sind die Vereine oft sehr klein und familiär. Andere Vereine, z. B. die erfolgreichen Fußballklubs, sind heute große Unternehmen mit viel Geld und professionellem Management. Viele Vereine haben ein eigenes Klubhaus oder Vereinslokal und organisieren auch gemeinsame Ausflüge und Feiern.

5 Machen Sie eine Liste der Vereine, die Sie im Text finden! Was macht man in diesen Vereinen?

Klein, aber grün

Egal, ob in Wien, Berlin, Dresden oder im Ruhrgebiet: Man findet inmitten vieler Städte die sogenannten Schrebergärten, kleine oder größere Gartenkolonien. Sie heißen so nach ihrem „Erfinder" Daniel Gottlob Schreber (1808–1861) aus Deutschland.

Gemüse, Obst und Kartoffeln aus dem eigenen Schrebergarten waren in wirtschaftlich schlechten Zeiten eine große Hilfe für ärmere Stadtbewohner.

Heute dienen diese kleinen Parzellen vor allem der Erholung. Übrigens: Auch die Freizeitgärtner sind im Verein organisiert und das sogenannte Bundeskleingartengesetz sorgt für Ruhe und Ordnung im Gartenparadies.

> Unsere Wohnung hat noch nicht mal einen Balkon. Da kann man sich vorstellen, wie wichtig der Garten hier für uns ist. Die Parzelle ist zwar klein, aber ich bin mit dem Rad in zehn Minuten hier. Jetzt im Frühling gibt's wieder viel zu tun! Im Sommer übernachten wir auch öfter in unserem Schrebergartenhaus.

6 Was sind die Unterschiede zwischen einem „normalen" Garten und einem Schrebergarten?

Die schönsten Tage

Die Deutschen haben viel Urlaub – meistens sechs Wochen im Jahr – und sie reisen gerne und fast überallhin.

Eine Kreuzfahrt auf dem Traumschiff bleibt für die meisten ein Traum. Aber Winterurlaub unter Palmen, wie z. B. auf den Kanarischen Inseln, ist für den Durchschnittsverdiener ganz normal.

Die beliebtesten Urlaubsländer sind Spanien, Italien, Österreich und die Türkei. Die Bundesbürger, die ihren Urlaub im Inland verbringen, fahren vor allem nach Bayern und an die See.

Nach der Wende 1989 wollten die ehemaligen DDR-Bürger endlich das westliche Ausland kennen lernen. Zu DDR-Zeiten haben sie meistens „organisierten Urlaub" im eigenen Land gemacht, an der Ostsee und in den Mittelgebirgen. Heute müssen diese Regionen in Sachen Tourismus mit dem Rest der Welt konkurrieren!

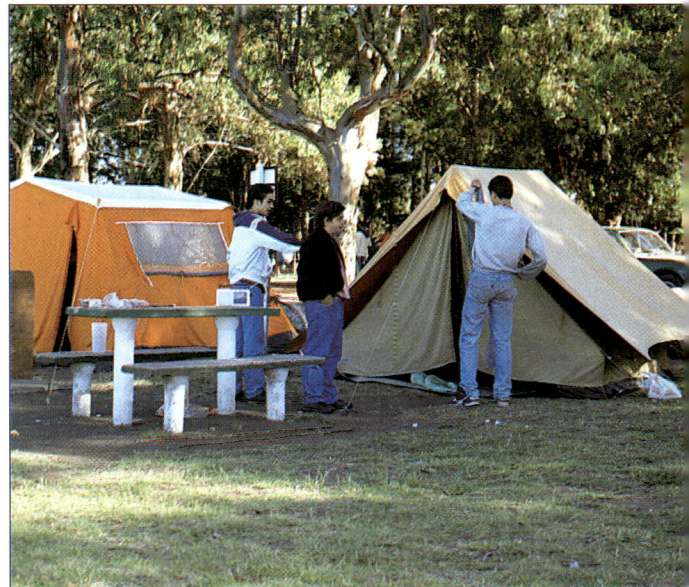

Auf Campingplätzen trifft man immer und überall deutsche Urlauber, ob mit kleinem Zelt oder mit teurem Wohnmobil.

Warm und sonnig

Wenn die Schweizer Urlaub machen, fahren sie am liebsten nach Frankreich, Spanien und Italien. Das benachbarte Deutschland steht als Urlaubsziel erst an vierter Stelle.

Wenn die Österreicher nicht im eigenen Land bleiben, bevorzugen sie ebenfalls die warmen Länder im Süden Europas: Italien, Kroatien, Griechenland, Spanien und die Türkei.

7 Was sind die beliebtesten Urlaubsziele der Deutschen, Österreicher und Schweizer?

8 Und Sie? Wohin fahren Sie gerne in Urlaub?

Wir gehen aus!

1 Haben Sie in letzter Zeit einen deutschsprachigen Film gesehen?

2 Kennen Sie Schauspieler oder Musiker aus deutschsprachigen Ländern?

Ins Kino gehen

Heute ist Deutschland mehr Fernseh- als Kino-Nation. Aber in den letzten Jahren registriert man wieder steigende Besucherzahlen. Vor allem junge Leute zwischen 15 und 30 Jahren gehen noch öfter ins Kino.

Die Kinogänger sehen am liebsten die großen Hollywood-Filme. Fremdsprachige Filme werden für die deutschen Kinos und auch für das Fernsehen synchronisiert. Deutsche Produktionen haben da einen schweren Stand. Nur einige Filme von jungen deutschen Regisseuren, meistens Komödien, waren in letzter Zeit auch kommerziell erfolgreich. Im Ausland finden diese Filme aber kein größeres Publikum.

Seit 1912 werden in Babelsberg bei Potsdam Filme produziert. Viele berühmte Regisseure und Schauspieler, z. B. Fritz Lang und Marlene Dietrich, begannen hier ihre Karriere.

3 Warum sind die deutschen Komödien wohl nur im Inland so erfolgreich?

Im Rampenlicht

Das Theater hat in Deutschland eine lange Tradition. Schon im 18. Jahrhundert hatten viele Landesherren in den Residenzstädten ihr eigenes Hoftheater. Deshalb gibt es noch heute nicht nur in den großen Städten, sondern auch in der Provinz bekannte Theaterhäuser.

Im Programm findet man bis heute sehr oft die Namen der „Klassiker": Goethe, Schiller, Brecht, Shakespeare und andere. Die vielen freien Gruppen der „Off"-Szene dagegen machen meist experimentelles Theater.

Fast alle deutschen Theater- und Opernhäuser können nur mit Unterstützung aus öffentlichen Kassen überleben. Jede Eintrittskarte ist mit rund 170 DM subventioniert!

Das Burgtheater in Wien ist eines der ältesten im deutschen Sprachraum und hat bis heute einen besonders guten Ruf.

Musicals haben Konjunktur. Einige Theaterhäuser wurden von den Veranstaltern speziell für diese Shows gebaut.

4 Ist das Theater noch „in" bei jungen Leuten? Berichten Sie von Ihren Erfahrungen!

„In" … **… und „out"**

> *Seit einem halben Jahr steht meine Ausbildung an erster Stelle. An den Wochenenden treffe ich mich mit Freunden in Diskos oder Kneipen. Am liebsten bin ich aber mit der Clique an der frischen Luft am See oder im Kulturpark. Wir hören Musik – Hip-Hop, Rap und Soul – oder wir unterhalten uns einfach. Lesen ist bei mir auch „in" und ins Kino gehen, wenn gute Filme kommen.*

> *Zu Hause vor der Glotze rumhängen ist absolut „out". Rauchen ist auch nicht unbedingt „cool". Außerdem sind Leute „out", die sich immer nach dem neuesten Mode-Trend richten. Ich ziehe Klamotten an, in denen ich mich wohl fühle: am liebsten weite, bequeme Sachen!*

5 Was für Musik hören Sie gern?

6 Was unternehmen Sie mit Ihren Freunden am Wochenende?

7 Befragen Sie Ihren Nachbarn im Kurs nach seinen „ins" und „outs"! Berichten Sie von dem Ergebnis (schriftlich oder mündlich)!

Das Fifty-fifty-Ticket

Die meisten finden die Idee super. Jugendliche zwischen 16 und 25 Jahren können nach dem Diskobesuch zum halben Preis mit dem Taxi nach Hause fahren. Ein großer Mineralölkonzern und eine Krankenkasse gehören zu den Sponsoren der Aktion. Auch Eltern und Großeltern kaufen die Rabatt-Tickets und lassen ihre Kinder und Enkel dann beruhigter in die Disko gehen. Leider gibt es diese gute Idee noch nicht in allen Bundesländern.

Auf dem Wuppertaler Schüler-Rockfestival spielen junge Nachwuchsbands – oft zum ersten Mal – vor großem Publikum. Die besten Teilnehmer haben gute Chancen auf einen Plattenvertrag.

8 Vor allem Mädchen nutzen den billigen Taxiservice. Warum? Was denken Sie?

Sie wünschen?

1 Wo kaufen Sie die Dinge des täglichen Bedarfs?

Wer ist Tante Emma?

Der „Tante-Emma-Laden" öffnet oft schon um sechs Uhr morgens, lange vor den Supermärkten. Die Kunden kommen meistens aus der Nachbarschaft.

„Tante Emma" heißt in der Regel nicht Emma und ist auch nicht immer eine Frau. „Tante-Emma-Laden" ist ein scherzhafter Name für die kleinen Gemischtwarenläden, wie es sie früher überall gab. Heute kämpfen diese Geschäfte ums Überleben. Die Ladenmieten steigen von Jahr zu Jahr und die Konkurrenz der Supermärkte und Selbstbedienungsläden ist zu groß. Man findet sie noch auf dem Dorf, aber in den Städten werden sie immer rarer.

2 Was ist typisch für den „Tante-Emma-Laden"?

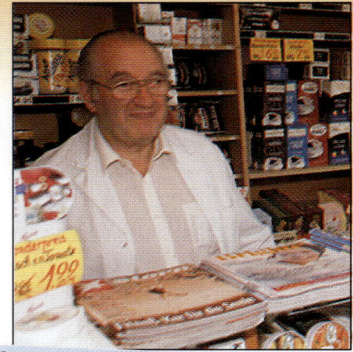

> 99 *Schon als kleines Kind hab ich mit meiner Mutter hier eingekauft und immer 'nen Bonbon oder 'ne Lakritzrolle geschenkt bekommen. Hier kennen mich die Leute und es is' immer Zeit für 'n Schwätzchen. In 'n Supermarkt geh ich nur, wenn ich was Besonderes brauche.* 99

Wochenmarkt, Flohmarkt

Wer beim Einkaufen etwas erleben will und seine Sprachkenntnisse „testen" möchte, der geht am besten auf den Markt. In Berlin z. B. gibt es in jedem Bezirk mehrere Wochenmärkte. Zweimal pro Woche kann man dort frische Lebensmittel und internationale Spezialitäten, aber auch Haushaltsartikel und Textilien einkaufen. Die Atmosphäre ist sehr lebhaft und das Publikum gemischt.

Sehr beliebt sind auch die Flohmärkte oder Trödelmärkte. Trödel bedeutet: billiger Kram, Altwaren, besonders Kleider, Möbel, Hausgerät. Auf den „schickeren", teureren Märkten gibt es auch echte Antiquitäten, Schmuck und Kunsthandwerk.

3 Welche Vorteile bietet das Einkaufen auf dem Markt?

4 Kaufen Sie auch manchmal gebrauchte Dinge? Was? Und wo?

Der Naschmarkt in Wien. „Nasch" heißt Milcheimer, denn früher wurde hier Milch verkauft. Heute gibt es Obst, Gemüse und andere Frischwaren – und echt wienerische Atmosphäre.

Auf dem Hamburger Fischmarkt findet jeden Sonntagmorgen – ab 5 Uhr früh – ein großer Flohmarkt statt. Dort gibt es fast alles, nur Fische sind heute Nebensache!

Das KaDeWe

Das 1907 gegründete „Kaufhaus des Westens" (kurz KaDeWe) in Berlin ist ein Kaufhaus der Superlative. Es ist das größte auf dem Kontinent. Man kann dort einen ganzen Tag verbringen und hat bestimmt noch nicht alles gesehen. Der Besucher findet im KaDeWe ein exklusives Angebot, aber auch das normale Kaufhaussortiment.

In der sechsten Etage in Europas größter Delikatessen-Abteilung gibt es fangfrische Fische und Meeresfrüchte, Obst und Gemüsesorten aus den fernsten Ländern, seltene Weine, Champagner und 1300 Sorten Käse. Viele Delikatessen kann man an kleinen Bars probieren. Allerdings muss man dafür mehr als nur Kleingeld in der Tasche haben.

Die Präsentation der Waren im KaDeWe ist eine Augenweide und das Personal ist besonders freundlich und sehr gut ausgebildet.

Grün einkaufen?

Einkaufszentren „auf der grünen Wiese" sind nicht grün, sondern meistens hässliche, zubetonierte Areale am Stadtrand. Auch in den neuen Bundesländern schossen sie nach der Wende wie Pilze aus dem Boden und machen heute 60% der gesamten Verkaufsfläche aus.

Die Innenstädte wirken dort oft leer und leblos, weil die Bewohner zum Einkaufen lieber rausfahren – mit dem Auto natürlich!

Trotzdem denken auch viele Bundesbürger beim Einkaufen immer mehr an den Umweltschutz. Sie achten auf sparsame Verpackungen und kaufen Produkte mit dem Umweltzeichen *Blauer Engel*.

5 Was spricht für und was spricht gegen Einkaufszentren? Schreiben Sie eine Pro-Contra-Liste in Stichwörtern!

6 Kaufen Sie „grün" ein? Was tun Sie für die Umwelt beim Einkaufen?

Erst 1997 hat die Bundesregierung das strenge Ladenschlussgesetz in Deutschland gelockert. Geschäfte können abends und am Samstag länger geöffnet bleiben.

Geschäftszeiten	
Mo – Fr	9.30 – 20.00 Uhr
Sa	9.30 – 16.00 Uhr

56/5730

Wer umweltfreundlich einkaufen will, sucht den Blauen Engel oder den Grünen Punkt auf der Packung.

Es gibt Essen!

1 Haben Sie schon mal typisch deutsches Essen probiert?

2 Kennen Sie auch Spezialitäten aus Österreich und der Schweiz?

Kandis und Klopse

Wer den Norden Deutschlands und die Küstenregionen besucht, macht wahrscheinlich zuerst Bekanntschaft mit den Trinkgewohnheiten. Dort trinkt man viel schwarzen Tee, mit süßer Sahne und Kandiszucker, und im Winter gegen die Kälte *Grog*, ein Getränk aus Rum, heißem Wasser und Zucker. Typisch für den Norden sind auch die vielen Fisch- und Kartoffelgerichte.

Die Berliner haben eine Vorliebe für Saures – saure Gurken und Sauerkraut – und *Buletten* (gebratene *Klopse* aus Hackfleisch, Brötchen, Eiern und Zwiebeln), die warm und kalt gegessen werden.

Es stimmt nicht mehr, dass die Deutschen vor allem viel Fleisch und Kartoffeln essen, aber sie essen viel Brot. Ausländer staunen über das riesige Angebot an Brotsorten und Brötchen.

Knödel, Kuchen und mehr

Der Süden ist traditionell das Land der Mehlspeisen: *Spätzle* (kleine Nudeln aus Mehl, Eiern, Wasser und Salz) oder *Maultaschen* (eine Art Ravioli) isst man in Schwaben. *Palatschinken* (dünne Pfannkuchen mit süßer Füllung) sind eine Spezialität in Österreich. Die Österreicher haben auch eine besondere Vorliebe für Knödel – *Semmelknödel* oder *Obstknödel* – und Torten mit aristokratischen Namen – *Esterhazy* und *Sacher* heißen die berühmtesten.

Das Wienerschnitzel aus Österreich findet man auf Speisekarten in aller Welt. Die Küche in dem früheren Vielvölker-Staat ist eine multikulturelle Mischung.

Wer nach München kommt, muss Weißwurst mit süßem Senf probieren und natürlich das bayrische Bier.

Im Südwesten Deutschlands ist die Küche etwas feiner. Besonders in Baden und im Saarland kann man den französischen Einfluss schmecken. Das gilt auch für die Schweiz, vor allem für den Westteil. Das *Zürcher Geschnetzelte mit Rösti* (in Streifen geschnittenes Kalbfleisch mit gebratenem Kartoffelkuchen) ist ein internationales Gericht geworden.

3 Gibt es in Ihrem Land auch kulinarische Unterschiede zwischen Norden und Süden?

Für ein Fondue nimmt man den Lieblingskäse der Schweizer, den Greyerzer. Auch andere Käsesorten aus der Schweiz (mit Löchern oder ohne) sind für ihre Qualität bekannt.

34

Bier ...

Jeder Deutsche konsumiert statistisch gesehen pro Jahr 160 Liter Bier. Das ist weltweit „Spitze". Im Rheinland trinkt man gerne das leichte, helle *Kölsch* aus schmalen Gläsern. Die dunklen Biersorten nach dem Münchner Typ sind stärker und schmecken süßlich. Aus Bayern kommt auch das „Reinheitsgebot". Nach diesem Gesetz darf Bier nur aus Hopfen, Malz und Wasser bestehen.

und Wein

Der deutsche Wein kommt hauptsächlich aus dem Südwesten; am Rhein und seinen Nebenflüssen wächst er am besten. Wer in Österreich eine „Weinreise" machen will, fährt nach Wien und in den Osten des Landes. Dass man auch in der Schweiz Wein produziert, ist im Ausland wenig bekannt. Vielleicht, weil die Schweizer ihre Weine am liebsten selbst trinken?!

4 Kann man in Ihrem Land Bier und Wein aus deutschsprachigen Ländern bekommen?

Ein Essens-Fahrplan

Frühstück: Für ihr Frühstück nehmen sich die Deutschen Zeit, immerhin 26 Minuten täglich verbringen sie durchschnittlich am Frühstückstisch. Das Standard-Frühstück besteht aus Kaffee (seltener Tee), frischen Brötchen mit Wurst, Käse und Marmelade und einem weich gekochten Ei.

Mittagessen: Wenn die Eltern berufstätig sind, gibt es das Mittagessen mit der ganzen Familie meist nur am Wochenende. Am Sonntag wird gern „gutbürgerlich" gegessen mit viel Fleisch und Soße, dazu Kartoffeln, Gemüse oder gemischter Salat. Zum Nachtisch isst man Pudding oder Eis.

Abendessen: Früher blieb am Abend die Küche kalt, d.h. es gab belegte Brote, Bratenreste und vielleicht einen Salat, das sogenannte Abendbrot. Heute versammelt sich die Familie zum Teil erst am Abend bei Tisch und es wird warm gegessen.

Am Sonntag, an Festtagen und wenn Besuch kommt, gibt es in vielen Familien noch die Kaffeetafel am Nachmittag mit Kuchen und Torten.

Wurst ohne Ende

Wenn Deutsche und Österreicher schnell zwischendurch etwas essen wollen, beißen sie am liebsten in die Wurst. Auch die Invasion der amerikanischen *Hamburger* hat daran nichts geändert. *Curry-Wurst* z. B. ist eine gebratene Wurst mit einer Spezialsoße (scharf? extra-scharf?). Dazu gibt es *Pommes* rot (mit Ketchup) oder weiß (mit Mayonnaise). Hauptsache man kann aus der Hand und im Stehen essen.

5 Was essen und trinken Sie gern, und wann?

6 Gibt es in Ihrem Land auch so eine Imbiss-Kultur?

35

Vom Reich zur Republik

1 Gab es in Ihrem Land im 19. Jahrhundert (oder schon früher) Bürgerkriege und Revolutionen?

Der Ruf nach Freiheit

Bis ins 19. Jahrhundert war Deutschland ein buntes Mosaik aus größeren und kleinen Territorialstaaten. 1815 wurde der Deutsche Bund gegründet. In der Zeit danach bis zur Revolution 1848 wurde die Opposition gegen die alte, autoritäre Ordnung immer stärker. Demokraten und Liberale forderten eine nationale Verfassung und politische und persönliche Grundrechte für das Volk.

Die Bürgerkriege in Deutschland und Österreich im März 1848 waren sehr kurz, aber sehr blutig. Im Mai kam die neu gewählte deutsche Nationalversammlung in Frankfurt zusammen. Sie sollte eine Verfassung für ganz Deutschland ausarbeiten und eine zentrale Regierung bilden. Aber die Monarchien von Preußen und Österreich nutzten ihre militärische Macht. Bis zum Sommer 1849 hatten sie die revolutionären Bewegungen wieder zerschlagen. Die Rebellen wurden gnadenlos verfolgt und bestraft. Die Folge waren Massenauswanderungen – vor allem in die USA.

Im Deutschen Bund lebten nicht nur Deutsche, sondern auch Ungarn, Tschechen, Serben, Italiener und andere Nationalitäten.

2 Wie viele Staaten (ungefähr) bildeten den Deutschen Bund? Wie hießen die größten? (Sehen Sie sich die Karte an!)

3 Warum sind nach 1848 so viele Menschen emigriert?

In der Schweiz verlief die Rebellion von 1848 eher geordnet und ruhig. Aber sie war erfolgreich. Der moderne Schweizer Bundesstaat ist ein Ergebnis dieser „moderaten" Revolution!

Die industrielle Revolution

In den Jahren zwischen der Märzrevolution (1848) und der nationalen Einigung (1871) begann das moderne Industriezeitalter. Im Kernland Preußen entstanden industrielle Zentren wie das Ruhrgebiet und Berlin und neue Industriezweige wie die Chemo- und Elektroindustrie (*BASF, Siemens*). Die Fabrikarbeiter in den Städten lebten in Armut und Elend. Aber große Teile des Bürgertums profitierten von der Entwicklung.

Immer mehr Menschen kamen vom Land in die Städte. 18-Stunden-Tag, Hungerlöhne und Kinderarbeit waren „normale" Realität für sie.

4 Was wissen Sie über die Lebens- und Arbeitssituation der Fabrikarbeiter zu Beginn der Industrialisierung?

Ein Mann der Macht

Fürst Otto von Bismarck begann seine politische Karriere als Abgeordneter und Botschafter. 1862 wurde er preußischer Ministerpräsident. Er führte ein autoritäres, antiparlamentarisches Regiment und sicherte Preußens Vormacht. Nach militärischen Siegen über Frankreich und Österreich war der Weg für die nationale Einigung Deutschlands frei. 1871 wurde in Versailles das Deutsche Reich gegründet. Wilhelm I. wurde Kaiser und Bismarck Reichskanzler.

1890 wurde er entlassen. Der junge Kaiser Wilhelm II. wollte seinen eigenen politischen Kurs verfolgen. Bismarck starb 1898 im Alter von 83 Jahren.

Der Erste Weltkrieg

Kaiser Wilhelm II. wollte aus Deutschland ein Weltreich machen. Er mischte sich in die Kolonialpolitik ein und baute seine Flotte aus. England, Frankreich und Russland schlossen sich gegen diese Bedrohung zusammen. Im Juni 1914 wurde der österreichische Thronfolger Franz Ferdinand in Sarajewo ermordet. Kurze Zeit später brach der Erste Weltkrieg aus.

Die Hoffnungen der Deutschen auf einen schnellen militärischen Sieg waren bald zerstört. 1917 traten die USA in den Krieg ein. Aber erst im Herbst 1918 erklärten auch die deutschen Militärs den Krieg für verloren. Niemand rief mehr „Hurra". Im Gegenteil. Soldaten und Arbeiter streikten und demonstrierten überall im Land. In vielen Städten übernahmen sie vorübergehend die Macht. Der Kaiser flüchtete ins Exil nach Holland.

Bismarck bekämpfte die Arbeiterbewegung, aber begründete auch das staatliche Sozialsystem. Er hasste die Revolution, machte aber selbst eine.

5 Welches große politische Ziel hat Bismarck erreicht?

Eine junge Frau marschiert voller Begeisterung mit deutschen Soldaten.

6 Welche Gedanken und Gefühle haben Sie, wenn Sie das Foto oben betrachten?

Rosa Luxemburg

Rosa Luxemburg war Theoretikerin und Kämpferin, zuerst Sozialdemokratin, dann Kommunistin. Zusammen mit Karl Liebknecht gründete sie den *Spartakusbund* und beteiligte sich an der Revolution nach Kriegsende. 1919 wurden Luxemburg und Liebknecht von Freikorps-Soldaten umgebracht.

Die Weimarer Republik

1 Was wissen Sie über die Zeit zwischen den beiden Weltkriegen?
Nennen Sie wichtige Namen, Daten und Ereignisse!

Am 9. November 1918, noch während der Novemberrevolution, rief der Sozialdemokrat Philipp Scheidemann vom Reichstag die Deutsche Republik aus.

Schon 1919 sah der Schriftsteller Kurt Tucholsky das Ende der Republik voraus. Er schrieb:

„Dieses deutsche Bürgertum ist ganz und gar antidemokratisch, dergleichen gibt es wohl kaum in einem andern Lande, und das ist der Kernpunkt allen Elends."

Inflation und Krise

„Alle Macht geht vom Volke aus." Das war ein Grundprinzip der demokratischen Verfassung, die die Nationalversammlung 1919 in Weimar ausarbeitete. Aber die junge Republik hatte es schwer. Politische Morde und Putschversuche rechtsextremer Gruppen bestimmten das Tagesgeschehen.

Auch der Frieden hatte einen hohen Preis. Nach dem Vertrag von Versailles musste Deutschland enorme Geldsummen als Wiedergutmachung an die Siegermächte zahlen. Inflation war die Folge; sie erreichte 1923 ihren Höhepunkt.

Ein Kinder-Abzählreim aus der Zeit geht so:
Eins, zwei, drei, vier, fünf Millionen,
Meine Mutter, die kauft Bohnen.
Zehn Milliarden kost' das Pfund,
Und ohne Speck
Du bist weg!

2 Erinnern Sie sich an einen Kinderreim in Ihrer Sprache? Übersetzen Sie ihn ins Deutsche!

Der Anfang vom Ende

Nur für wenige Jahre war die politische und wirtschaftliche Situation in der Weimarer Republik relativ stabil. Die Menschen hofften auf einen Neuanfang und eine bessere Zukunft. Aber die innen- und außenpolitischen Probleme waren nicht wirklich gelöst. Mit der Weltwirtschaftskrise 1929 wurde ein Drittel der arbeitenden Bevölkerung arbeitslos. Viele Menschen gerieten in Armut und Elend. Die Regierungen wechselten immer schneller, das Parlament wurde immer schwächer. Der Zusammenbruch der Weimarer Republik war nur noch eine Frage der Zeit.

3 Was passierte in Ihrem Land zu dieser Zeit?

Auch in Österreich ging im November 1919 der Kaiser, und die Erste Republik kam. Die Zeit zwischen den Kriegen war genauso wie in Deutschland eine Krisenzeit. Im Friedensvertrag von Saint-Germain wurde der Anschluss Österreichs an Deutschland verboten. Trotzdem wünschten sich viele Politiker und Bürger insgeheim weiter einen deutsch-österreichischen Staat.

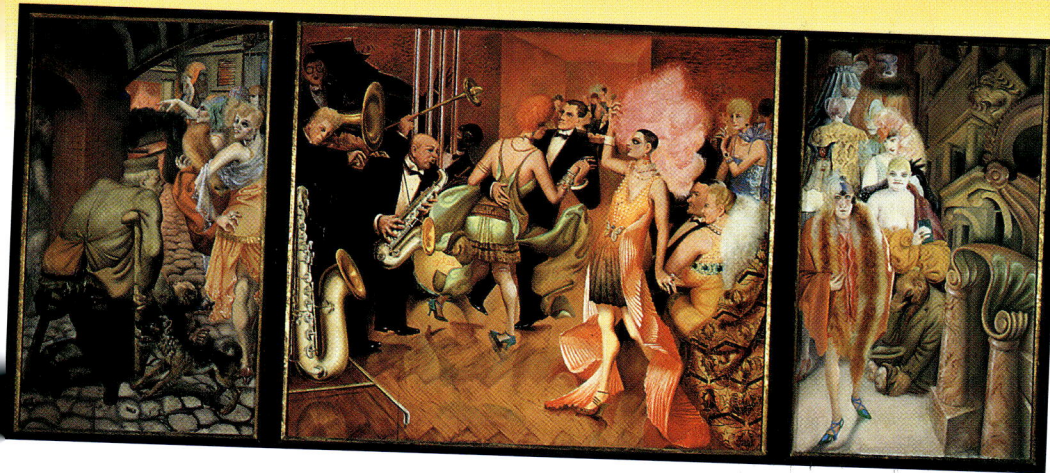

Berlin wurde d i e Metropole der 20er-Jahre, Magnet für Künstler und Intellektuelle. Aber hinter den glanzvollen Kulissen, in den Hinterhöfen der Mietskasernen, herrschten Hunger und Kälte.

Die 20er-Jahre

🎧 Die Jahre der Weimarer Republik brachten eine bisher unbekannte Freiheit für Kunst und Wissenschaft. Schriftsteller, Maler und Architekten experimentierten mit neuen Formen. Das Theater und die neuen Medien Kino und Rundfunk begeisterten ein Massenpublikum. Leichte Unterhaltung – Operetten, Schlagermusik und Tanzrevuen – waren „in".

Überhaupt war das Lebensgefühl in den 20er-Jahren freier. Man war ungezwungener und selbstbewusster. Das zeigte sich im Alltag, in der Mode und in der Sexualität.

Auch die Rolle der Frauen veränderte sich. 11 Millionen Frauen waren in Deutschland zu dieser Zeit berufstätig, viele arbeiteten als Büroangestellte. Auch wenn sie weniger verdienten als die Männer, bedeutete das mehr Unabhängigkeit und Selbstbewusstsein.

4 Beschreiben Sie das Bild! Was wird hier gezeigt?

Der Weg in die Diktatur

🎧 Die Folgen der Weltwirtschaftskrise führten dazu, dass die rechtsextreme Nationalsozialistische Deutsche Arbeiterpartei (NSDAP) immer mehr Anhänger fand. Ihr erklärtes Ziel war es, die Weimarer Republik zu beseitigen. Adolf Hitler, der Führer der Nationalsozialisten, versprach den Menschen Arbeit, und viele Deutsche sympathisierten mit seinen rassistischen und nationalistischen Ideen.

Ab 1930 hatte das Parlament praktisch keine Funktion mehr: die Republik wurde zunehmend vom Präsidenten Hindenburg regiert. Bei den Wahlen im September 1930 zeigte sich, dass die NSDAP jetzt die zweitstärkste Partei im Reichstag war.

Nur eine gemeinsame Opposition der Arbeiterparteien mit der demokratischen Mitte konnte Hitler noch stoppen. Aber diese Parteien fanden keine gemeinsame Basis und die Konservativen hielten still. Gut zwei Jahre später herrschte in Deutschland eine faschistische Diktatur.

Die „neue" Frau trug kurze Haare, rauchte in der Öffentlichkeit und war leger gekleidet.

5 Was waren die Attribute der „neuen" Frau in den 20er-Jahren?

6 Warum gaben so viele Deutsche den Nationalsozialisten ihre Stimme?

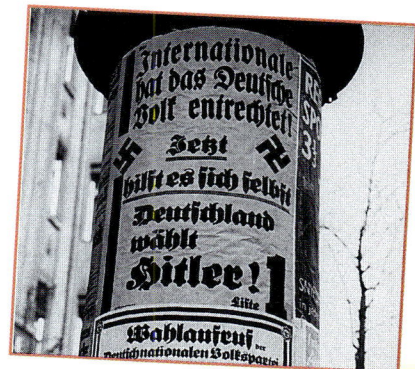

Das Dritte Reich

① Wenn Ausländer nach berühmten Deutschen gefragt werden, fällt ihnen oft zuerst Adolf Hitler ein. Ihnen auch? Warum?

Der NS-Staat

1933 hatte Adolf Hitler sein Ziel erreicht: Er war der neue Reichskanzler. Seit Anfang 1933 gab es schon die ersten Konzentrationslager für politische Gefangene. Nach dem Tod Hindenburgs wurde Hitler auch Reichspräsident. Er nannte sich nun „Führer des Deutschen Reiches und Volkes". Zu diesem Zeitpunkt waren alle politischen, wirtschaftlichen und kulturellen Institutionen im Reich „gleichgeschaltet".

Die gesamte Bevölkerung wurde von der Nazi-Ideologie erfasst. Terror-Organisationen wie die SA (Sturmabteilung), die SS (Schutzstaffel, ursprünglich Hitlers Leibwache) und die Gestapo (Geheime Staatspolizei) kontrollierten sogar die private Sphäre der Menschen.

Alle Staatsbürger im Dritten Reich sollten „deutsch denken, deutsch fühlen und deutsch handeln".

Massenveranstaltungen wie der Reichsparteitag 1936 in Nürnberg „blendeten" die Menschen. Nur wenige sahen, dass hier der nächste Krieg vorbereitet wurde.

② Was bedeutet der Begriff „gleichgeschaltet"?

Anne Frank

Viele Menschen auf der Welt kennen dieses Mädchengesicht. Anne Frank war Jüdin. Sie und ihre Familie versteckten sich über zwei Jahre in einem kleinen Raum in Amsterdam. Ihr berühmtes Tagebuch wurde ein wichtiges Dokument der Nazizeit und ein Symbol für den Wunsch nach Freiheit und Gerechtigkeit.

Terror und Vernichtung

Der Antisemitismus war das zentrale Element im ideologischen Programm der Nationalsozialisten. Schon 1933 wurden jüdische Geschäfte boykottiert und jüdische Beamte entlassen. Ehen zwischen Juden und „Ariern" waren ab 1935 verboten. Mit der „Kristallnacht" im November 1938 begann die gewaltsame Verfolgung und Vernichtung. Ab 1941 mussten Juden den sogenannten Judenstern an der Brust tragen und 1942 beschloss die Wannsee-Konferenz in Berlin die „Endlösung" der Judenfrage: Alle Juden in Europa sollten entweder durch Zwangsarbeit, Hunger oder durch Mord vernichtet werden.

Bis Kriegsende wurden fünf bis sechs Millionen Juden in Konzentrationslagern oder bei Massenerschießungen getötet. Auch Sinti und Roma (Zigeuner), Homosexuelle, Behinderte, Kriminelle und natürlich politische Gegner zählten zu den Opfern des NS-Regimes.

③ Welche Menschen gehörten zu den Opfern des NS-Regimes?

④ Welche Konzentrationslager kennen Sie mit Namen?

⑤ Was wissen Sie über das weitere Schicksal von Anne und ihrer Familie?

40

Der Zweite Weltkrieg

Die Vorbereitungen für einen Expansionskrieg begannen schon 1933. 1938 marschierten deutsche Soldaten in Österreich ein. Aber erst der Überfall auf Polen im September 1939 führte zum Ausbruch des Zweiten Weltkriegs. Zunächst war Hitler mit seiner Blitzkrieg-Taktik erfolgreich. Deutsche Truppen besetzten in schneller Folge Belgien, Holland, Frankreich, Dänemark, Norwegen und Jugoslawien.

Nach der Niederlage der deutschen Armee bei Stalingrad dauerte es noch über zwei Jahre bis zur Kapitulation.

Mit der Invasion der Alliierten in Frankreich im Juni 1944 begann die letzte Phase des Kriegs. Im Mai 1945 wurde Berlin von der sowjetischen Armee erobert. Kurz zuvor hatte Hitler dort in seinem Bunker Selbstmord begangen.

Der Zweite Weltkrieg war zu Ende und die Bilanz erschreckend: fast 60 Millionen Tote und ganze Länder und Städte zerstört und verwüstet.

Die Weiße Rose

Die Mitglieder der Weißen Rose riefen in ihren Flugblättern zum passiven Widerstand auf. Sie wollten den blutigen Krieg beenden. Initiator der Gruppe war der Medizinstudent Hans Scholl. Auch seine Schwester Sophie gehörte dazu. Die Weiße Rose war seit 1942 vor allem in Universitätskreisen aktiv. Fast alle Mitglieder wurden gefasst und 1943 ermordet.

Hohe Militärs – unter ihnen z. B. Graf Stauffenberg – versuchten am 20. Juli 1944 ein Attentat auf Hitler. Sie wollten den praktisch schon verlorenen Krieg beenden und der Weltöffentlichkeit ein Signal geben.

Hitler spricht in Wien zu den Massen. Viele Österreicher sympathisierten mit den Nationalsozialisten. Sie erlebten den Anschluss ihres Landes 1938 als Befreiung, nicht als Niederlage.

6 Wann und wie ist Hitler ums Leben gekommen?

7 War Ihr Land in den Zweiten Weltkrieg verwickelt?

8 Ist das Bild der Deutschen in Ihrem Land sehr von der Zeit des Dritten Reichs bestimmt?

Die Schweiz war – wie schon im Ersten Weltkrieg – seit 1938 ein neutrales Land. Viele Flüchtlinge aus Deutschland fanden hier Schutz vor der Verfolgung. Aber die Schweiz hat auch am Unglück der anderen verdient. Schweizer Banken haben mit jüdischem Geld und Gold lukrative Geschäfte gemacht.

Eine junge Republik

1 Wo lagen die Zonen der vier Besatzungsmächte in Deutschland und Österreich? Welche Bundesländer sind heute dort? Vergleichen Sie diese Karte mit der Karte auf Seite 7!

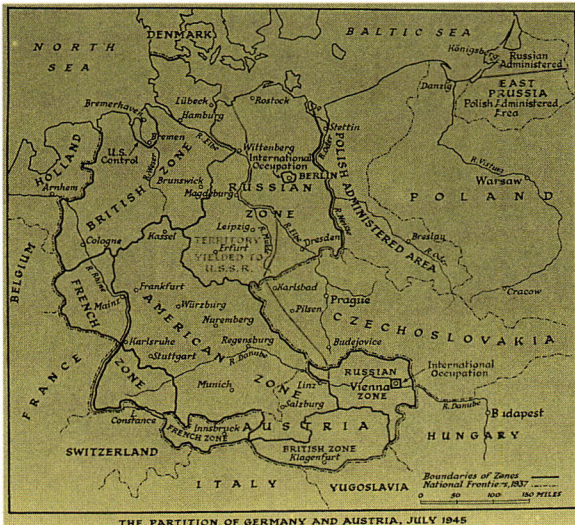

THE PARTITION OF GERMANY AND AUSTRIA, JULY 1945

Besatzung und Neubeginn

Nach der Kapitulation des Dritten Reichs übernahmen die vier Siegermächte die Regierung. Große Teile der Ostgebiete gingen an Polen und die Sowjetunion. Das restliche Land wurde in vier Besatzungszonen und die Stadt Berlin in vier Sektoren aufgeteilt.

Im Mai 1949 wurde aus den drei Westzonen die Bundesrepublik Deutschland gegründet und kurze Zeit später auf dem Gebiet der sowjetischen Zone die Deutsche Demokratische Republik.

Auch Österreich war nach Kriegsende besetztes Land. Der Osten wurde von der sowjetischen Armee, der Westen von den Alliierten kontrolliert. Die Hauptstadt Wien war wie Berlin eine Vier-Sektoren-Stadt. 1955 wurde Österreich wieder ein unabhängiger Staat.

DM für Westdeutsche

In den ersten Jahren nach dem Krieg schienen die Menschen in Deutschland gleichgestellt. Alle hungerten, alle froren. Erst durch die Währungsreform verbesserte sich die wirtschaftliche Situation allmählich. Am 20. Juni 1948 war es so weit: Alle Bewohner der Westzonen konnten sich 40 DM (die neue Währung) abholen. Das war ihr Startkapital, das sogenannte Kopfgeld.

Der Schriftsteller Max von der Grün erinnert sich:

„Am Tage der Währungsreform hielt mir der Bauunternehmer, bei dem ich zum Maurer umgeschult wurde, zwei Zwanzig-Mark-Scheine vor die Nase und sagte: Siehst du, jetzt habe ich genau so viel Geld wie du, jetzt kommt es nur darauf an, was man aus seinem Geld macht. (...)

Der Bauunternehmer hatte ein Jahr später 2 Lastwagen und 3 neue Betonmischer und ein neues Auto und einen Polier und 128 Arbeiter. Ich konnte mir damals endlich ein neues Fahrrad kaufen, ich war anscheinend nicht tüchtig, ich habe nur 10 Stunden am Tag gearbeitet."

Max von der Grün, Schriftsteller

Drei Tage nach der Währungsreform begannen die Sowjets mit der Berlin-Blockade. Die Westsektoren Berlins waren abgeschnitten und mussten auf dem Luftweg (Luftbrücke) mit Lebensmitteln, Heizmaterial und allem Notwendigen versorgt werden.

2 Warum hatte der Bauunternehmer wohl bessere Startchancen als seine Arbeiter?

Das „Wirtschaftswunder"

Das „Wirtschaftswunder" war kein Wunder, sondern Ergebnis harter Arbeit. Die Menschen wollten wieder in geordneten, bequemen Verhältnissen leben und lieber an ihre private Zukunft als an den Krieg und die Verbrechen Deutschlands denken.

In den ersten Jahren nach dem Krieg gab es nicht genug zu essen, viele Familien überlebten nur mit Hilfe der Care-Pakete aus den USA. Es gab kaum Wohnungen. Ein Großteil der Menschen, besonders die vielen Flüchtlinge aus dem Osten, musste in Baracken und Hütten leben.

Aber es ging aufwärts. Ein wichtiger Motor für die wirtschaftliche Entwicklung waren die Bau- und die Automobilindustrie.

3 „Wohlstand für alle" war das Motto der Zeit. Was bedeutet für Sie Wohlstand?

Ein Käfer für jedermann

Der Volkswagen-Käfer ist mehr als ein Auto. Er ist auch ein Symbol und ein Stück Zeitgeschichte. Ferdinand Porsche erfand den preiswerten Kleinwagen 1934. Adolf Hitler ließ für ihn eine ganze Stadt bauen: die „KdF(Kraft durch Freude)-Stadt", heute Wolfsburg. Nach dem Krieg wurde der Käfer Symbol für das „Wirtschaftswunder".

Die Jugend protestiert

Zwei Jahrzehnte nach dem Zweiten Weltkrieg war aus der BRD eine „satte" Wohlstandsgesellschaft geworden. Aber immer mehr junge Leute distanzierten sich von dem Konsumdenken und den traditionellen Lebensformen.

Von 1967 bis 1969 protestierten überall in Deutschland die Studenten: gegen die autoritären Strukturen an den Universitäten, gegen die amerikanische Vietnampolitik, gegen die „Monopolkapitalisten".

Die Revolte der „68er" veränderte die bundesdeutsche Gesellschaft. Nach 20 Jahren CDU/CSU-Regierung wurde 1969 der SPD-Vorsitzende Willy Brandt Bundeskanzler. Bildungsreform, Ostpolitik, Mitbestimmung: in allen Bereichen wurden neue Akzente gesetzt.

Auch die Bürgerinitiativen, die in den folgenden Jahren gegen Atomkraftwerke und Großflughäfen aktiv wurden, orientierten sich an den Aktionsformen der 68er.

Die Mitglieder der linksradikalen RAF (Rote Armee Fraktion) wollten ihre politischen Ziele mit Mord und Bomben erreichen. Der Terrorismus war besonders während der 70er-Jahre ein ernstes Problem für die Bundesrepublik.

4 Gab oder gibt es in Ihrem Land Probleme mit terroristischen Gruppen? Welche politischen Ziele hatten/haben diese Vereinigungen?

5 Finden Sie im Text die passenden Präpositionen zu folgenden Verben und bilden Sie Beispielsätze: sich distanzieren ..., protestieren ..., sich orientieren ...!

Das war die DDR

1 Was wissen Sie über die DDR, das politische System und das Leben der Menschen dort? Hatte Ihr Land offizielle Beziehungen zur DDR?

Neben dem Parteiapparat wurde die Staatssicherheit – der Geheimdienst – zum wichtigen Machtfaktor in der DDR. Mitarbeiter der Stasi überwachten alles und jeden! Ihre Berichte finden sich in über sechs Millionen Akten!

Arbeiter- und Bauernstaat

Schon bald nach Kriegsende war klar, dass die Sowjetunion eigene wirtschaftliche und politische Vorstellungen für ihre Zone hatte. Die Alliierten konnten keine gemeinsame Lösung für das Deutschland-Problem finden.

Die Folge war, dass 1949 kurz nacheinander zwei deutsche Staaten gegründet wurden. Die Deutsche Demokratische Republik (DDR) war ein sozialistischer Staat nach sowjetischem Vorbild. Die Landwirtschaft wurde kollektiv organisiert, die Industriebetriebe waren verstaatlicht und die gesamte Wirtschaft wurde zentral geplant. Der Lebensstandard der DDR-Bürger war der höchste in den sogenannten Ostblock-Staaten. Führende Partei war die SED (Sozialistische Einheitspartei Deutschlands). Ihre Vorsitzenden Walter Ulbricht (bis 1971) und Erich Honecker waren die ersten Männer im Staat.

2 Betrachten Sie die Karte auf Seite 42! Wo verlief die Grenze zwischen der Bundesrepublik Deutschland und der DDR?

17. Juni und Mauerbau

Wut und Unzufriedenheit über die wirtschaftliche und politische Situation trieben die Menschen am 17. Juni 1953 auf die Straße. Aber sowjetische Panzer und Soldaten beendeten die Unruhen innerhalb von zwei Tagen. Bis 1989 war der 17. Juni als *Tag der Deutschen Einheit* in der BRD Nationalfeiertag.

1953 (und auch in den Jahren davor) waren viele Menschen aus der DDR in den Westen geflüchtet, die meisten über Westberlin. Anfang der 60er-Jahre gab es wieder eine Flüchtlingswelle. Seit 1949 hatten ca. 2,7 Millionen Menschen das Land verlassen, viele von ihnen waren junge qualifizierte Arbeiter und Akademiker.

Am 13. August 1961 begann die DDR mit dem Bau der Mauer. Die Teilung Deutschlands war damit „zementiert". Der Weg in den Westen war den DDR-Bürgern bis Ende 1989 versperrt.

3 Was waren die Gründe für den Mauerbau?

Beim Aufstand am 17. Juni 1953 wurden wahrscheinlich um die 100 Menschen getötet und viele Tausend kamen ins Gefängnis.

Deutsch-deutsche Beziehungen

20 Jahre lang gab es nur vereinzelte Kontakte zwischen den Regierungen der beiden deutschen Staaten. Erst 1970 begann der deutsch-deutsche Dialog mit einem Treffen zwischen dem Chef der sozial-liberalen Regierung, Brandt, und dem zweiten Mann in der DDR, Stoph.

Ende 1972 wurde der Grundlagenvertrag abgeschlossen. Bundesbürger und Westberliner konnten nun einfacher in die DDR reisen, Verwandte und Bekannte besuchen. Umgekehrt von Ost nach West zu reisen wurde seltener erlaubt.

Aber der „Kalte Krieg" war noch lange nicht vorbei und die Grenze zwischen den Machtblöcken lief weiter mitten durch Deutschland.

Wende gut, alles gut?

Der sowjetische Präsident Gorbatschow hatte mit seiner Politik der Öffnung und Entspannung ein Signal gesetzt. Auch die Menschen in der DDR zeigten immer deutlicher ihre Unzufriedenheit mit ihrer dogmatischen Regierung. Im Herbst 1989 eskalierten die Ereignisse: Ungarn öffnete seine Grenzen nach Österreich. Überall in der DDR gab es Demonstrationen für Freiheit und Reformen, bis am 9. November 1989 die Mauer geöffnet wurde.

Damit begann das letzte Kapitel der getrennten deutschen Geschichte. Die Entwicklung zeigte bald, dass die Wiedervereinigung nur eine Frage der Zeit war. Die Mehrheit der Bürger wollte in einem vereinten demokratischen Deutschland leben. Am 3. Oktober 1990 waren die DDR und die BRD wieder eine Nation, mit Berlin als Hauptstadt und mit einem neuen Nationalfeiertag.

Für seine Ostpolitik und seine Bemühungen um Entspannung und Frieden in Europa erhielt der damalige sozialdemokratische Bundeskanzler Willy Brandt 1971 den Friedensnobelpreis.

4 Was war – unter anderem – Inhalt des Grundlagenvertrags?

5 Haben Sie die Nachrichten über die historischen Ereignisse im Herbst 1989 verfolgt? Welche Bilder sind Ihnen noch in Erinnerung?

„ Ich finde es nicht gut, dass sie heute die DDR so schlecht machen. Das kapitalistische System ist ja auch nicht so golden. Arbeitslose gab's in der DDR jedenfalls nicht und die Wohnungen waren auch viel billiger. Mir und meiner Familie geht's ganz gut, aber nicht alle haben von der Wende profitiert. "

Politik und Parteien

1 Können Sie die Namen einiger aktueller Politiker aus den deutschsprachigen Ländern nennen?

Parlament und Regierung

Die Verfassung der Bundesrepublik Deutschland ist das Grundgesetz. Hier sind nicht nur die Bürgerrechte festgelegt, sondern auch die Grundlagen der staatlichen Ordnung: Die BRD ist Republik und Demokratie, Bundesstaat, Rechtsstaat und Sozialstaat.
Die wichtigsten politischen Organe sind das Parlament und die Bundesregierung.

Das Parlament besteht aus zwei Kammern, dem Bundestag und dem Bundesrat. Im Bundestag sitzen die vom Volk gewählten Abgeordneten. Der Bundestag beschließt die Gesetze und wählt den Bundeskanzler. Im Bundesrat sind die 16 Bundesländer vertreten.

Die Bundesregierung, das Kabinett, besteht aus dem Bundeskanzler und den Ministern. Der oberste Repräsentant der BRD ist der Bundespräsident. Er steht über den Parteien und hat keinen direkten politischen Einfluss.

Das Wahlsystem

Bei den Wahlen zum Deutschen Bundestag und den Länderparlamenten hat jeder Wähler zwei Stimmen. Mit der ersten Stimme wählt er direkt den Kandidaten seines Wahlkreises, mit der zweiten Stimme eine Partei. Die abgegebenen Stimmen werden dann nach einem komplizierten System verrechnet und die Sitze im Bundestag entsprechend verteilt.

In der BRD gibt es die sogenannte Fünf-Prozent-Klausel. Die Parteien müssen mindestens fünf Prozent der Wählerstimmen gewinnen, sonst kommen sie nicht ins Parlament. Deshalb sind im Deutschen Bundestag nur drei bis fünf Parteien vertreten.

2 Welchen Zweck hat Ihrer Meinung nach die Fünf-Prozent-Klausel?

Der von Norman Foster renovierte Sitzungssaal des Parlaments im Berliner Reichstag.

Die Schweiz ist anders!

Auch das politische System der Schweiz unterscheidet sich von dem anderer westeuropäischer Staaten. Der Schweizer Staat ist eine Konföderation mit verschiedenen Sprachen und Kulturen. Wichtiger als der Bund sind die Gemeinden – sie waren zuerst da – und die Kantone.
Die Minister heißen Bundesräte und einer von ihnen ist jeweils für ein Jahr gleichzeitig Bundespräsident.

Es gibt vier große Parteien. Eine bedeutende politische Opposition gibt es nicht. Das Zauberwort für das Schweizer Regierungsmodell heißt Kompromiss.

Das Wahlrecht der Bundesrepublik Deutschland

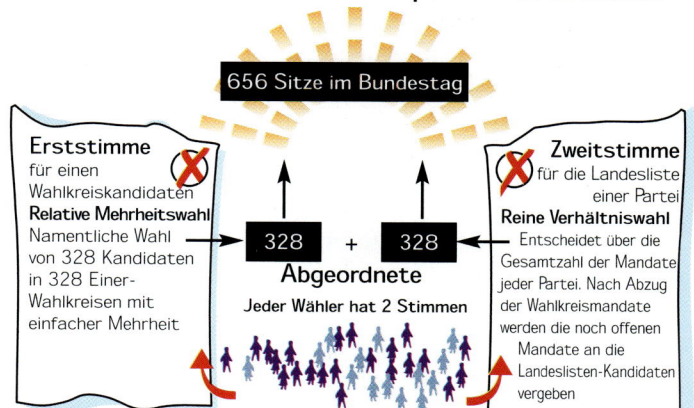

656 Sitze im Bundestag

Erststimme
für einen Wahlkreiskandidaten
Relative Mehrheitswahl
Namentliche Wahl von 328 Kandidaten in 328 Einer-Wahlkreisen mit einfacher Mehrheit

328 + 328
Abgeordnete
Jeder Wähler hat 2 Stimmen

Zweitstimme
für die Landesliste einer Partei
Reine Verhältniswahl
Entscheidet über die Gesamtzahl der Mandate jeder Partei. Nach Abzug der Wahlkreismandate werden die noch offenen Mandate an die Landeslisten-Kandidaten vergeben

Die Wahlberechtigten wählen in allgemeiner, unmittelbarer, freier, gleicher und geheimer Wahl

Länder und Gemeinden

Die BRD hat eine föderalistische Struktur. Jedes Bundesland hat eine eigene Verfassung, eigene Gerichte, eine eigene Regierung und ein Parlament, den Landtag. Die Bundesländer können viele regionale Aufgaben z. B. im Bildungs- und Umweltbereich und in der Kulturpolitik selbstständig regeln.

Städte, Dörfer und Landkreise sind ebenfalls demokratisch organisiert und verwalten sich selbst. Die Bürger kennen ihre Gemeindevertreter und den Bürgermeister oft persönlich und können bei vielen Projekten mitbestimmen. Auch Österreich ist ein föderalistischer Staat mit neun Bundesländern. Fast die Hälfte der Bevölkerung lebt in Gemeinden mit weniger als 10000 Einwohnern.

3 Worum kümmert sich in Ihrem Staat die zentrale Regierung? Welche Aufgaben übernehmen die Länder/Regionen?

Links? Rechts? Mitte?

CDU Christlich-Demokratische Union (in Bayern als „Schwesterpartei" Christlich-Soziale Union), Partei der rechten Mitte, 1945 gegründet

SPD Sozialdemokratische Partei Deutschlands, 1869 als Arbeiterpartei gegründet, heute Partei der linken Mitte

F.D.P. Die Liberalen Freie Demokratische Partei, Partei in der Tradition des deutschen Liberalismus, 1948 gegründet

BÜNDNIS 90 DIE GRÜNEN Die Grünen als Bundespartei 1980 gegründet; „alternative", ökologische Partei, 1990 aus den Bürgerrechtsgruppen der ehemaligen DDR gebildet; beide Parteien schlossen sich 1993 zusammen

PDS Partei des Demokratischen Sozialismus, Nachfolgepartei der SED, die in der DDR die Macht hatte

Bitte wählen!

In Österreich haben sich lange Zeit die SPÖ (Sozialdemokratische Partei Österreichs) und die ÖVP (Österreichische Volkspartei) die Macht geteilt. In den letzten Jahren hat aber auch die FPÖ (Freiheitliche Partei Österreichs) viele – vor allem rechte und deutsch-national gesinnte – Wähler gewonnen.

Vier große Parteien bestimmen in der Schweiz das politische Leben:
CVP (Christlich-demokratische Volkspartei)
SPS (Sozialdemokratische Partei der Schweiz)
FDP (Freisinnig-Demokratische Partei)
SVP (Schweizerische Volkspartei)

4 Wie sieht die „Parteien-Landschaft" in Ihrem Land aus? Wird die Regierung von einer oder mehreren Parteien gebildet?

Vom Mittelalter zur Romantik

1 Kennen Sie einen berühmten Künstler der Renaissance?

Das Wahrzeichen von Köln

Bis zur Fertigstellung des Kölner Doms vergingen über 600 Jahre. Ab 1500 ungefähr „ruhte" der im Mittelalter begonnene Bau. Erst im 19. Jh. ging es weiter und im Jahre 1880 wurde der Dom endlich eingeweiht.

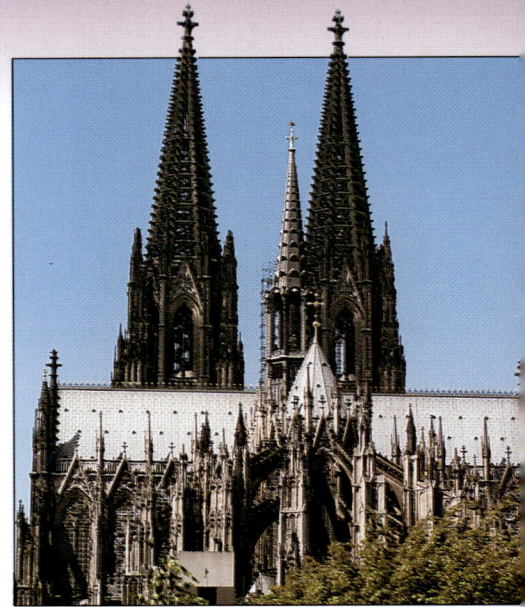

Ein neues Sehen

Die betenden Hände oder das Porträt der alten Mutter: diese Motive des Malers Albrecht Dürer (1471–1528) hängen in vielen deutschen (und anderen) Wohnstuben an der Wand.

Dürer hat die neuen Seh- und Denkweisen der italienischen Renaissance nach Deutschland gebracht. Seine Studien zur Natur, Anatomie und perspektivischen Darstellung sind weltberühmt.

In Dürers Heimatstadt Nürnberg zeigen noch heute die Burganlage und der alte Stadtkern die damalige Bedeutung und den Reichtum der Stadt.

2 Nennen Sie die Wahrzeichen einiger Städte in Ihrem Land!

Die Perlen des Barock

Die Kenntnis der Welt war im 16. Jahrhundert durch Entdeckungsfahrten größer geworden. Neue Schätze und neues Wissen bereicherten Europa. Der Kunststil dieser Zeit war der Barock. „Mäzene" für die prunkvollen Bauwerke waren die Kirche, Fürsten und Könige.

Eines der größten Kunstzentren in Deutschland wurde damals die Stadt Dresden, die „Perlen des Barock". Unter August dem Starken erlebte die Stadt eine kulturelle Blüte, die man ihr noch heute ansieht. Viele der im Zweiten Weltkrieg zerstörten Bauten, z. B. der Dresdner Zwinger, die Hofkirche und auch die im 19. Jh. errichtete Semperoper sind wieder aufgebaut worden.

Die Würzburger Residenz ist eines der schönsten Barockschlösser im Süden Deutschlands. In Österreich zeugen Schlösser, Palais und Kirchen in Wien, Salzburg und die Stifte in Nieder- und Oberösterreich von einer Blütezeit. Die Barockklöster in Maria-Einsiedeln und St. Gallen in der Schweiz sind besonders schön.

Dürers Hase befindet sich in der Albertina in Wien.

Ein berühmtes Beispiel für die Wiener Barockarchitektur sind die Schlösser und Gärten des Belvedere.

Die Gärten der Könige

Den preußischen Herrschern gefiel das städtische Leben in der Hauptstadt Berlin nicht besonders. Sie wählten das nah gelegene Potsdam, um hier in Ruhe regieren zu können.

Der berühmteste unter ihnen war Friedrich der Große (1712–1786), kurz auch der Alte Fritz genannt. Er führte viele Kriege und ein strenges Regiment. Aber er war auch ein begabter Flötenspieler, Kunstsammler und philosophisch interessiert.

Mit dem Architekten Knobelsdorff zusammen plante der König seinen Wohnsitz, das Schloss *Sanssouci*. Auch in der Stadt Potsdam findet man viele Bauten aus der Zeit der Preußenkönige.

Der bekannte Landschaftsplaner Joseph Lenné (1789-1866) gab den Gärten und Parkanlagen um Sanssouci *ihre heutige Form.*

3 Die Gärten von Sanssouci wurden nach dem Vorbild des „Englischen Gartens" angelegt. Wissen Sie, was für diese Gärten typisch ist?

Die Stadt der Klassik

Einer der bekanntesten Deutschen ist sicherlich Johann Wolfgang von Goethe. 1749 wurde er in Frankfurt am Main geboren. Er studierte Jura, doch berühmt wurde er als Dichter.

1775 kam Goethe nach Weimar, wurde Geheimer Rat, eine Art Minister, und nahm am intensiven kulturellen Leben der kleinen Residenzstadt teil.

Durch Amtsgeschäfte und Reisen konnte Goethe sein Wissen über Menschen und Natur erweitern und neue Ideen für seine Dichtungen und Forschungen sammeln. Am wichtigsten war seine erste Italienreise, die fast zwei Jahre dauerte.

Goethe leitete auch das Weimarer Theater, wo viele Dramen seines Freundes Friedrich Schiller Premiere hatten. Für zehn Jahre standen die beiden großen Denker in engem Kontakt, arbeiteten zusammen und schufen in Weimar die Klassik der deutschen Literatur. Im Jahr 1805 starb Schiller. Goethe arbeitete und lebte noch bis 1832.

Die beiden großen deutschen Dichter Goethe und Schiller stehen Seite an Seite vor dem Nationaltheater in Weimar.

Wanderers Nachtlied

*Über allen Gipfeln
Ist Ruh,
In allen Wipfeln
Spürest du
Kaum einen Hauch.
Die Vögelein schweigen im Walde.
Warte nur, balde
Ruhest du auch.*

4 Dieses Gedicht von Goethe können sicher noch sehr viele Deutsche auswendig aufsagen. Versuchen Sie das Gedicht mit Ausdruck zu lesen! Welchen Eindruck machen die Verse auf Sie?

49

Beginn der Moderne

1 Die Französische Revolution fand 1789 statt. Warum ist dieses Ereignis so wichtig für die Geschichte?

Das Humboldt-Denkmal vor der Humboldt-Universität in Berlin

Bildung als Lebenssinn

Das 19. Jahrhundert war eine Zeit wichtiger sozialer Veränderungen. Die Französische Revolution hatte das politische und kulturelle Selbstbewusstsein der Bürger gestärkt.

Am Anfang dieser Zeit standen Forscher-Persönlichkeiten wie Wilhelm von Humboldt (1767–1835). Er interessierte sich für die griechische Antike, fremde Sprachen und Geologie. Dank seiner Kontakte wurde die 1810 gegründete Universität in Berlin zu einem Zentrum des geistigen Lebens in Deutschland. Dort lehrten auch die Philosophen Fichte und Hegel.

Das Bürgertum profitierte vom technischen und wissenschaftlichen Fortschritt, aber die Arbeiter bekamen von den Verbesserungen wenig zu spüren. Ein späterer Philosoph, Karl Marx, übernahm die Systematik Hegels, um diese Situation zu analysieren.

Der Philosoph (Georg Wilhelm) Friedrich Hegel gilt als Vollender der idealistischen Philosophie. Sein systematisches Denken wollte alle Erscheinungen der Natur, Kultur und Religion erklären.

2 Womit beschäftigen sich Philosophen eigentlich?

Wien und die Musik

Das heutige Konzert- und Operngeschehen wird weitgehend von der Musik des 18. und 19. Jahrhunderts beherrscht. Drei berühmte Meister der Musikgeschichte geben noch heute den Ton an: Mozart, Haydn und Beethoven. Diese Wiener Klassiker schufen die Grundlagen der bürgerlichen Musikkultur des 19. Jahrhunderts.

Mendelssohn-Bartholdy, Schubert, Schumann, Brahms, Bruckner und Wagner sind bekannte Komponisten der romantischen Musik. Auch ihre Nachfolger Mahler und Richard Strauß werden weltweit aufgeführt.

Zu Beginn des 20. Jahrhunderts entwickelte die zweite Wiener Schule mit den Komponisten Schönberg, Webern und Berg mit der Zwölftontechnik eine neue Kompositionsweise.

Typisch wienerisch waren (und sind) auch die populären Walzer der Musikerfamilie Strauß.

3 Wann sind die drei Komponisten Beethoven, Brahms und Berg geboren: 1770, 1833, 1885?

4 Hören Sie gern klassische Musik?

Farben des Expressionismus

Unter den Kunststilen des 20. Jahrhunderts ist der Expressionismus eine typisch deutsche Richtung. 1905 gründeten junge Maler (E. L. Kirchner, E. Heckel, Schmidt-Rottluff und Emil Nolde) in Dresden die Künstlergruppe *Die Brücke*. Ihre Motive waren Mensch, Tier und Natur. Derbe, vereinfachte Formen und kräftige, oft grelle Farben erzeugen einen starken, direkten Ausdruck. 1911 bildete sich in München eine andere Künstlergemeinschaft: *Der blaue Reiter*. Franz Marc, Wassily Kandinsky, Gabriele Münter, August Macke und A. Jawlensky gehörten zu dieser Gruppe.

5 Welche Rolle spielen die Farben in dem Bild von Nolde? Beschreiben Sie die Stimmung!

Neue Grundlagen der Physik

Jeder kennt Albert Einstein und seine Relativitätstheorie. Aber die meisten Leute wissen nur wenig über die Quantentheorie, die auf Max Planck zurückgeht. Sie beschäftigt sich mit Atomen und noch kleineren Teilchen.

Die neuen Erkenntnisse der Physik haben unsere Vorstellungen von Raum, Zeit und Kausalität verändert. An der Universität in Göttingen erforschten seit den 20er-Jahren Physiker und Mathematiker wie Max Born, Felix Klein und James Frank die Natur des Makro- und Mikrokosmos.

Kernphysik ist ein Thema für Experten. Aber die technische Nutzung in der Medizin als Energiequelle und tödliche Waffe betrifft uns alle.

6 Ethik und Wissenschaft geraten manchmal in Konflikt. Nennen Sie Beispiele!

Bauhaus – Stil und Schule

Bauhaus ist ein deutsches Wort, das international geworden ist. Besonders in der Architektur und im Industriedesign sind die ästhetischen Ideen des Bauhauses bis heute wirksam. Handwerkliche und künstlerische Gestaltung gehörten im Bauhaus zusammen. Grundlagen waren einfache geometrische Formen, reine Farben und die Eigenschaften der Materialien.

Die Bauhaus-Schule wurde 1919 in Weimar gegründet, musste aber nach sechs Jahren aus politischen Gründen hier schließen. Seine zweite Heimat fand das Bauhaus 1925 in Dessau. Doch auch von hier wurde das Institut 1932 vertrieben. Die Nazis bekämpften fanatisch alle künstlerischen und kulturellen Richtungen der Moderne.

Der bekannte Architekt Walter Gropius hat die Pläne für die Bauhaus-Gebäude in Dessau gemacht.

7 Was ist typisch für den Bauhaus-Stil?

8 Finden Sie im Text Synonyme für die folgenden Wörter: unvermischt, einflussreich, wegschicken, Zuhause, Design!

Bis heute

1 Welche Kunstformen waren typisch für die 20er-Jahre?

Das Romanische Café

In den 20er-Jahren war Berlin ein Magnet für Künstler und Intellektuelle aus ganz Deutschland. Ein besonders beliebter Treffpunkt war das *Romanische Café* gegenüber der Gedächtniskirche. Die Maler Otto Dix und Max Liebermann und bekannte Schriftsteller wie Alfred Döblin oder Bertolt Brecht waren regelmäßig im „Romanischen" zu Gast.

Die Kulturjournalisten fanden hier Kontakte und Informationen. Am Abend kamen vor allem Theaterleute wie der Regisseur der Berliner Volksbühne, Erwin Piscator, und der Komponist Friedrich Hollaender. Er schrieb die Lieder für Marlene Dietrich im Film *Der blaue Engel*.

Ab 1933 waren die großen Zeiten der Berliner Künstlercafés vorbei. Fast alle „Romanen" gingen ins Exil.

Auf dem Bild von Rudolf Schlichter steht der „rasende Reporter" Egon Erwin Kisch vor seinem Lieblingscafé. Auf der Litfaßsäule sieht man Plakate mit Titeln von Büchern und Reportagen Kischs.

2 Mit welchem der erwähnten Künstler würden Sie gerne an einem Tisch sitzen?

Emigration und Exil

Die Diktatur der Nationalsozialisten hatte katastrophale Folgen für die kulturelle Entwicklung Deutschlands. Viele Künstler und Wissenschaftler wurden verfolgt und unterdrückt. Der Schriftsteller Thomas Mann war einer der ersten, der Deutschland verließ. Wie Tausende anderer deutscher Emigranten lebte er zuerst in Nachbarländern. Prag, Zürich, Paris und Amsterdam waren die europäischen Exil-Hauptstädte. Nachdem das faschistische Deutschland immer größere Teile Europas okkupiert hatte, flüchteten viele in die USA und nach Lateinamerika.

Bücher von Autoren auf der Schwarzen Liste – Alfred Döblin, Bertolt Brecht, Heinrich und Thomas Mann, Stefan Zweig – wurden öffentlich verbrannt.

3 Kennen Sie andere Deutsche, die ab 1933 ins Ausland – vielleicht sogar in Ihr Land – geflüchtet sind?

4 „Dort, wo man Bücher verbrennt, verbrennt man am Ende auch Menschen." So schrieb Heinrich Heine lange vor der Nazizeit. Sind Bücher immer noch so wichtig?

Die Kunst des Rheinlands

🎧 Nach dem Zweiten Weltkrieg standen auch Literatur und bildende Kunst vor einem Neuanfang. Viele deutsche Künstler blieben im Exil oder waren im Krieg umgekommen.

Für die Schriftsteller der Nachkriegszeit war die *Gruppe 47* ein wichtiger Treffpunkt. Auch der Nobelpreisträger Heinrich Böll gehörte dazu. In vielen seiner Romane und Erzählungen schreibt er über die Kriegserfahrungen und die Probleme der Zeit nach 1945. Eine wichtige Rolle spielen auch seine Heimat, Köln und das Rheinland, und der dort verbreitete Katholizismus.

Ebenfalls im Rheinland, in Düsseldorf, wurde die Staatliche Kunstakademie ein „Motor" für neue Tendenzen in der bildenden Kunst. Ein international bekannter Künstler, der dort studierte und lehrte, war Joseph Beuys.

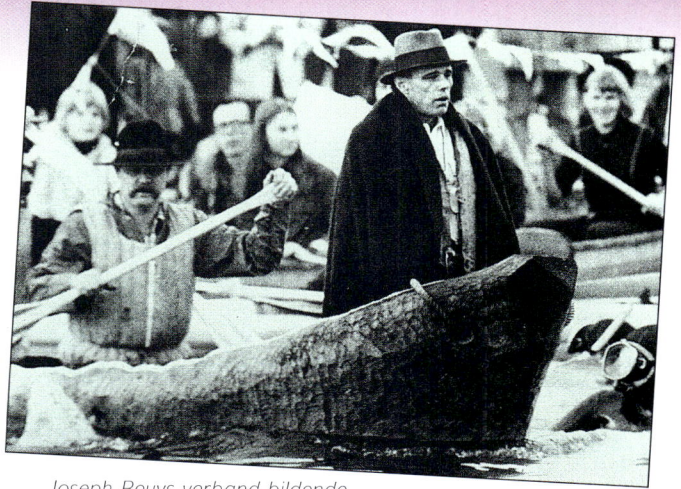

Joseph Beuys verband bildende Kunst mit theatralischen und politischen Aktionen.

5 Finden Sie im Text andere Wörter für diese Ausdrücke: sterben (gewaltsam), Mitglied sein von, von Bedeutung sein, berühmt!

Literatur aus der Schweiz

🎧 Zwei Schweizer Schriftsteller starteten mit dem Ende des Krieges ihre internationale Karriere: Max Frisch und Friedrich Dürrenmatt. Beide studierten in Zürich, beide begannen als Dramatiker und wurden dann auch als Prosaautoren bekannt. Das Schauspielhaus in Zürich war für sie eine wichtige Arbeitsstätte. Anfang der 60er-Jahre hatten hier z. B. die Stücke *Andorra* von Frisch und *Die Physiker* von Dürrenmatt Premiere.

Max Frisch schrieb auch Tagebücher und Romane wie *Stiller* und *Homo Faber*. Die Identitäts- und Persönlichkeitsprobleme der Menschen in unserer Zeit sind sein zentrales Thema. Friedrich Dürrenmatt wurde auch als Autor von Hörspielen und literarischen Kriminalromanen bekannt wie *Der Richter und sein Henker*.

6 Schreiben Sie die Namen aller Künstler auf, die auf diesen beiden Seiten erscheinen! Berichten Sie, von wem Sie etwas gelesen oder gesehen haben!

Frisch (links) und Dürrenmatt haben viel Kritisches und Nachdenkliches über die Schweiz und die Schweizer geschrieben. Trotz einiger Gemeinsamkeiten waren sie sehr unterschiedliche Schriftstellerpersönlichkeiten.

Frisch hat über seine Begegnungen mit Dürrenmatt Folgendes gesagt:

„Viel zum Lachen, wie immer, wenn Friedrich Dürrenmatt das thematische Menü bestimmt [...]. Kommt man mit thematischen Wünschen, so ist es schade; es ist immer am köstlichsten, was der Koch sich selber wählt."

53

Wirtschaft und Industrie

1 Kaufen Sie deutsche Erzeugnisse oder finden Sie welche in Ihrem Haushalt?

Industrie und Handel

Immer noch arbeiten die meisten Menschen in Deutschland in der Industrie. Es gibt Großunternehmen wie *Daimler-Benz* oder *Siemens* mit mehr als 300 000 Beschäftigten. Die Mehrzahl der Unternehmen sind aber mittlere oder kleine Betriebe. Die wichtigsten Industriezweige sind die Automobilproduktion, der Maschinenbau und die chemische und elektrotechnische Industrie.

An der Spitze der deutschen Exportgüter stehen Anlagen für die industrielle Produktion (Werkzeug- und Druckmaschinen), chemische Produkte und Kraftfahrzeuge. Importiert werden vor allem Textilien und Agrarprodukte. Wichtige Handelspartner der BRD sind auf den ersten drei Plätzen Frankreich, Italien und die Niederlande.

2 Welche Industriezweige nehmen in Deutschland die ersten Plätze ein?

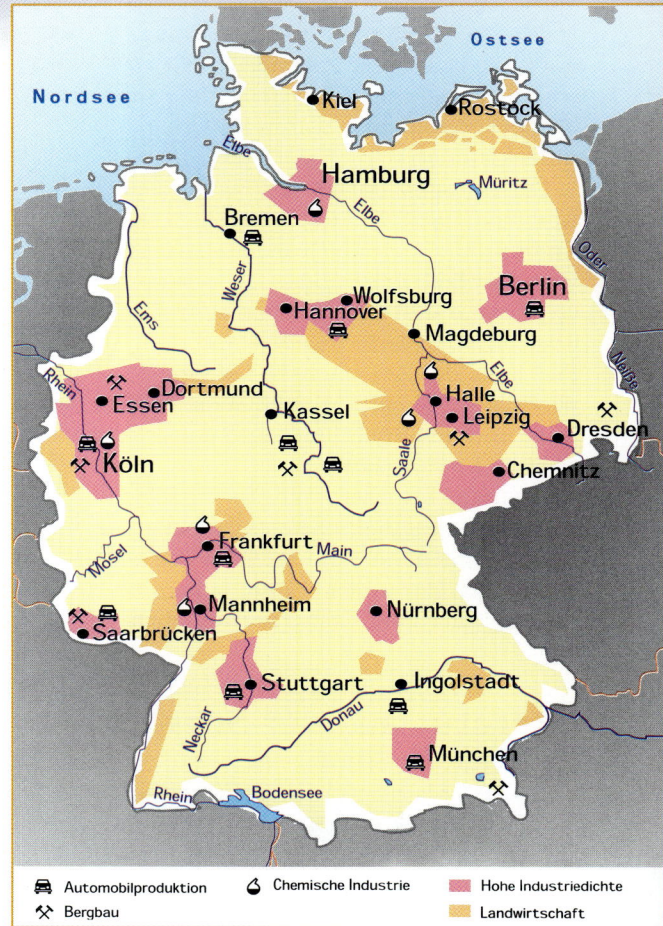

Die Landwirtschaft

Deutschland ist schon lange kein Agrarland mehr, aber in einigen Bundesländern wie in Bayern und Mecklenburg-Vorpommern ist die Landwirtschaft ein wichtiger wirtschaftlicher Faktor. Ungefähr die Hälfte der Fläche der BRD wird landwirtschaftlich genutzt. Ein Großteil der Bauernhöfe wird wie früher als kleiner Familienbetrieb geführt. Aber nur knapp drei Prozent aller Erwerbstätigen sind heute noch „Vollzeit-Bauern".

Die wichtigsten Agrarprodukte „aus deutschen Landen" sind Milch, Fleisch, Getreide und Zuckerrüben. Auch der Wald ist ein Wirtschaftsfaktor. Fast ein Drittel der Fläche der BRD ist mit Wald bedeckt. Er liefert Holz und Sauerstoff und muss deshalb geschützt werden.

🚗 Automobilproduktion	💧 Chemische Industrie	🟥 Hohe Industriedichte
⚒ Bergbau		🟨 Landwirtschaft

3 Wie ist die Situation der Bauern in Ihrem Land?

> Von den Hofbesitzern hier im Dorf ist nur noch einer hauptberuflich Bauer. Dem haben wir auch den Großteil unseres Landes verkauft. Vieh haben wir auch keins mehr, nur noch Enten, Gänse und die Hühner. Ich arbeite schon seit 20 Jahren im Straßenbau. Vor 15 Jahren habe ich den Campingplatz am Fluss eröffnet. Läuft ganz gut jetzt, aber is' auch viel zusätzliche Arbeit, besonders im Sommer.

Made in Germany

4 Kennen Sie andere Produkte aus Deutschland?

Die Wunderpille

Jeder kennt sie, jeder nimmt sie ein und mit –
sogar die Astronauten auf dem Weg ins All:
die Kopfschmerztabletten vom Typ Aspirin.

Aber fast niemand weiß, dass er diese
Wunderpille des 20. Jahrhunderts zwei
Deutschen zu verdanken hat. Felix Hoffmann
und Heinrich Dreser haben das neue
Medikament im Labor hergestellt und unter dem
Namen *Aspirin* 1899 auf den Markt gebracht.

Die Bezeichnung *Aspirin* war nach kurzer Zeit
so bekannt, dass sie international ein anderes
Wort für Schmerztablette geworden ist.

Und wie neuere Forschungen zeigen, hilft die
Pille aus Leverkusen auch Herz- und
Kreislaufkranken.

5 Kennen Sie andere Beispiele für
Markennamen, die ein Synonym für die
Sache an sich geworden sind?

Krisen und Konflikte

1 Bestimmt hören Sie auch von Problemen in der bundesdeutschen Gesellschaft. Was fällt Ihnen zu dem Thema ein?

Jugend in der Krise?

Die jungen Leute in Deutschland haben reale Probleme, aber die meisten blicken trotzdem optimistisch in die Zukunft. Ihre größten Sorgen sind die Ausbildung und die Arbeitslosigkeit. In ganz Deutschland, aber besonders in den neuen Bundesländern gibt es viel zu wenig Ausbildungsplätze.

2 Haben die Jugendlichen in Ihrem Land dieselben Sorgen?

" Manchmal habe ich schon Angst vor der Zukunft. Egal, was für eine Ausbildung du machst, du weißt nie, ob du später einen sicheren Arbeitsplatz bekommst. Zu DDR-Zeiten hatten wenigstens alle Arbeit. Ich finde es auch blöd, dass sie den Jugendclub hier in der Siedlung geschlossen haben. Jetzt hängen wir nachmittags auf der Straße rum. **"**

" Heute quatschen alle davon, dass die Jugendlichen so unpolitisch und pessimistisch sind. Das stimmt doch gar nicht. Meine Freunde und ich diskutieren oft über Neonazis oder Umweltthemen und unsere Schülerzeitung ist auch ganz schön kritisch. Klar, wir hören auch gern Techno oder kaufen uns geile Klamotten. Aber das heißt ja nicht, dass wir nur blöde und oberflächlich sind. **"**

3 Was ist an diesem Cartoon komisch? Was nicht?

4 Die Situation auf dem Bild erinnert an ein bestimmtes Ereignis in der jüngeren deutschen Geschichte? Welches?

Fremde Heimat?

Weit mehr als sieben Millionen Ausländer leben in Deutschland, 40% schon 15 Jahre und länger. In den 60er-Jahren suchte die Wirtschaft dringend Arbeitskräfte. Viele der sogenannten Gastarbeiter, die damals nach Deutschland gekommen sind, leben heute auf Dauer hier. Ihre Kinder sind hier geboren und sprechen meist besser Deutsch als ihre Muttersprache.

„Ausländer sind faul und kriminell. Sie nehmen den Deutschen Arbeit und Wohnungen weg." Solche Vorurteile hört man nicht nur von Neonazis, sondern auch von „normalen" Bürgern und sogar von Politikern. Tatsache ist aber, dass die Wirtschaft und das Sozialsystem der BRD ohne die Leistungen der ausländischen Arbeitnehmer gar nicht funktionieren würden.

5 Früher sagte man „Gastarbeiter", heute „ausländische Arbeitnehmer". Wie erklären Sie diese Änderung im Sprachgebrauch?

Umweltprobleme

Seit 1986 gibt es in Bund und Ländern Ministerien für Umwelt und Naturschutz. Die verschiedenen Programme und Maßnahmen haben schon einiges verbessert.

Filteranlagen in Kraftwerken verringern die Luftverschmutzung, der „Patient" Wald erholt sich langsam. Auch das Wasser ist sauberer geworden: Im Rhein und in der Elbe leben wieder zahlreiche Fischarten.

Trotzdem hat die BRD noch genügend „Sorgenkinder" im Umweltbereich. Das Leben in Nord- und Ostsee ist in Gefahr. Der Autoverkehr wächst und niemand weiß genau, wo und wie man den Atommüll sicher deponieren kann.

Auch die Bürger und nichtstaatliche Organisationen kümmern sich um den Umweltschutz. In den meisten Haushalten werden die Abfälle getrennt sortiert. Man versucht sparsam mit Energie umzugehen und es gibt viele kleinere Wind- und Solaranlagen.

Naturschutz-gebiet

Es ist nicht gestattet,
- Pflanzen zu beschädigen, zu entnehmen oder Teile von ihnen abzutrennen
- Tiere zu beunruhigen, zu fangen oder zu töten
- den Zustand des Gebietes zu verändern oder zu beeinträchtigen
- Baumaßnahmen durchzuführen
- Biozide anzuwenden
- die Wege zu verlassen, zu lärmen, Feuer anzumachen, zu zelten oder das Gebiet zu verunreinigen

Der Rat des Sachsen-Anhalts

Um Tiere, Pflanzen und Landschaften zu schützen, gibt es in Deutschland zahlreiche Schutzzonen, z. B. zwölf große Nationalparks.

6 Wie kann jeder Bürger „privat" Umweltschutz praktizieren?

7 Finden Sie, dass die Deutschen besonders umweltbewusst sind?

In den meisten Haushalten werden die Abfälle getrennt sortiert und entsorgt.

Österreich und die Schweiz haben als Transitländer ein gemeinsames Umweltproblem: den Autoverkehr über die Alpen. Bürgerinitiativen verlangen deshalb, vor allem die Lastwagen mit der Bahn durchs Land zu bringen.

FÖJ ...

... ist die Abkürzung für: Freiwilliges Ökologisches Jahr. Jugendliche zwischen 16 und 27 Jahren können daran teilnehmen. Sie arbeiten auf Bio-Bauernhöfen oder in Bio-Läden, retten Kröten vor dem Autoverkehr oder organisieren die Jugendarbeit in Umweltverbänden. Die Teilnehmer bekommen nur ein Taschengeld dafür. Trotzdem gibt es jedes Jahr weit mehr Bewerber als freie Plätze.

8 Würden Sie auch so ein FÖJ absolvieren? In welchem Bereich?

Medienmarkt

1 Wie informieren Sie sich über das politische Tagesleben?

2 Kann man in Ihrem Land deutsche Fernsehsender empfangen?

Sender und Programme

Bis in die 80er-Jahre gab es in der BRD nur den öffentlich-rechtlichen Rundfunk. ARD (Arbeitsgemeinschaft der öffentlich-rechtlichen Rundfunkanstalten Deutschlands) und ZDF (Zweites Deutsches Fernsehen) waren die einzigen nationalen Fernsehprogramme. Die Sender der einzelnen Bundesländer produzieren auch Radioprogramme und regionale Fernsehsendungen, das Dritte Programm.

Heute kann sich keiner mehr vorstellen, nur drei Programme zur Auswahl zu haben. Im Durchschnitt verbringt jeder Bundesbürger über 14 Jahre mehr als drei Stunden täglich vor dem Fernsehapparat. Genauso lange hört er Radio. Viele Haushalte haben Kabel- oder Satellitenfernsehen und -radio.

Die erfolgreichsten Privatsender sind SAT1 und RTL. Sie bieten vor allem Unterhaltung – Spielfilme, Serien, Shows – und Werbung rund um die Uhr.

3 Welche Art von TV-Programmen sehen Sie am liebsten?

Lies mal wieder!

Trotz der Konkurrenz durch neue Medien lesen zwei Drittel der über 14-jährigen Deutschen regelmäßig Bücher. In der BRD gibt es über 2000 Verlage, sehr kleine mit zwei oder drei Mitarbeitern und Riesen wie den international tätigen Bertelsmann-Konzern. Bis zum Zweiten Weltkrieg war Leipzig die wichtigste Verlagsstadt in Deutschland. Heute findet man die meisten Verlage in München, Berlin, Hamburg und Frankfurt am Main. In Frankfurt findet jeden Herbst die Internationale Buchmesse statt, die größte der Welt.

3sat 3SAT		
10.30 ausland 16:9	16.00 Als die Heiden Christen wurden	U.a.: Moderne Überwachungs-techniken
11.00 Café Europa	16.45 Erlebnisreisen	
11.45 Auf den Punkt!	17.15 ServiceZeit	21.30 Neues …
12.30 Medikamententest am Menschen	17.45 Krempel	22.00 ZIB 2
13.00 Praxis – das Gesund-heitsmagazin	18.15 Bilder aus Österreich	22.25 Johann Wolfgang von Goethe (2) Letzter Teil der Dokumentation
13.45 Leicht & Locker	19.00 heute	
14.00 Das Sonntags-Konzert aus Grainau	19.20 Kulturzeit	
	20.00 Tagesschau	
14.45 Seniorenclub	**20.15** Zug um Zug Ein Lokführer wird Eisenbahnunter-nehmer	23.10 Goethes Klein-Paris als Literatur-Paradies
15.30 tipps & trends		23.40 Alexander Pereira Porträt
15.55 Gesundheit	21.00 Hitec – das Technikmagazin	0.25 Seitenblicke

Der Schwerpunkt von 3sat ist Kultur und Information. Es ist ein Gemeinschaftsprogramm des ZDF mit Österreich und der Schweiz.

Eine ganz besondere Straße

Die Lindenstraße und das Leben ihrer Bewohner bilden den Stoff für eine der beliebtesten deutschen Fernsehserien. Jede Folge wird von acht Millionen Zuschauern aller Altersgruppen miterlebt. Das Besondere an der Serie ist, dass sie so realistisch ist. Wenn einer der fiktiven Bewohner der Lindenstraße „stirbt", bekommt die Fernsehredaktion sehr viel Post. Manche Fans fragen, ob sie die frei gewordene Wohnung mieten können!

1999
51. FRANKFURTER BUCHMESSE
13.-18. Oktober 1999
Schwerpunktthema Ungarn unbegrenzt
Focal theme Hungary without Boundaries
Thème central La Hongrie sans frontières

Die Frankfurter Buchmesse steht jedes Jahr unter einem besonderen Zeichen: 1999 ist das 150-jährige Goethejubiläum.

4 Haben Sie schon mal ein deutschsprachiges Buch im Original gelesen?

Die Presselandschaft

In Deutschland gibt es ungefähr 400 Tageszeitungen. Die meisten sind regionale Zeitungen, die nur in einem kleinen Umkreis gelesen werden. Sie berichten jedoch nicht nur über Lokales, sondern auch über das Weltgeschehen. Einige dieser Zeitungen wie die *Frankfurter Allgemeine Zeitung* oder die *Süddeutsche Zeitung* sind in ganz Deutschland verbreitet und haben großen Einfluss auf die Meinungsbildung. Wochenzeitungen wie *Die Zeit* oder das Nachrichtenmagazin *Der Spiegel* bieten Hintergrundinformationen, Analysen und Reportagen zu aktuellen Themen.

In jedem Zeitungskiosk sieht man, wie riesig das Angebot an deutschsprachigen Zeitschriften und Illustrierten ist. Es gibt Fachzeitschriften für bestimmte Berufe oder Hobbys, Zeitschriften für Frauen und Jugendliche und jede Menge Zeitschriften mit Radio- und Fernsehprogrammen.

Die meistgekaufte Tageszeitung ist die BILD-Zeitung. Sie hat große Bilder, Schlagzeilen und wenig Text. Kritiker sagen: BILD macht blind.

5 Was ist der Unterschied zwischen einer Zeitung und einer Zeitschrift?

6 Wie verstehen Sie die Kritik an der BILD-Zeitung?

> **99** Ich lese die BILD-Zeitung morgens im Bus, auf 'm Weg zur Arbeit. Die anderen Zeitungen, die 's am Kiosk zu kaufen gibt, sind ja viel zu teuer. Mich interessiert auch nicht so sehr die große Politik, mehr so was anderen Menschen passiert – Glück und Leid, sag ich mal. Und meine Kollegen lesen auch die BILD, da hat man immer Gesprächsstoff. **66**

7 Der BILD-Leser nennt einige Argumente für diese Zeitung. Welche?

A   B   C

8 Ordnen Sie die Zeitschriften den richtigen Sparten zu!

Fachzeitschrift	
Zeitschrift für Frauen	
Zeitschrift für Jugendliche	
Zeitschrift mit Radio- und TV-Programme	

Die erste Zeitung

Die Presse hat in der Schweiz eine besonders lange Tradition. Die erste Zeitung überhaupt ist angeblich hier gedruckt worden und zwar 1597 in Rorschach. 1610 erschien in Basel eine Wochenzeitung und 1623 in Zürich. Die meisten der heute noch existierenden Zeitungen sind im 19. Jahrhundert gegründet worden.

Berlin erleben

1 Berlin war im 20. Jahrhundert Hauptstadt des Kaiserreichs, der Weimarer Republik, des Dritten Reichs und der wiedervereinigten BRD. Finden Sie die passenden Jahreszahlen!
a 1933; **b** 1871; **c** 1919; **d** 1991

Eine Rundfahrt

Wer einen ersten Überblick über Berlin bekommen möchte, fährt am besten zum Fernsehturm auf dem Alexanderplatz, dem Zentrum Ostberlins. Dort kann man seinen Kaffee in 207 m Höhe trinken. *Unter den Linden*, die ehemalige Prachtstraße, liegt ganz in der Nähe. Sie führt vorbei am Berliner Dom und an der Museumsinsel mit vier Museen bis zum Brandenburger Tor.

Eine besonders preiswerte Stadtrundfahrt bietet die Buslinie 100. Die typischen „Doppeldecker"-Busse fahren vom Alexanderplatz zum Bahnhof Zoo. Von dort ist man sehr schnell am Kurfürstendamm – *Ku'damm* sagen die Berliner – mit seinen vielen Cafés, Restaurants. Theatern, Kinos und der berühmten Gedächtniskirche.

2 Welche der erwähnten Sehenswürdigkeiten interessieren Sie besonders?

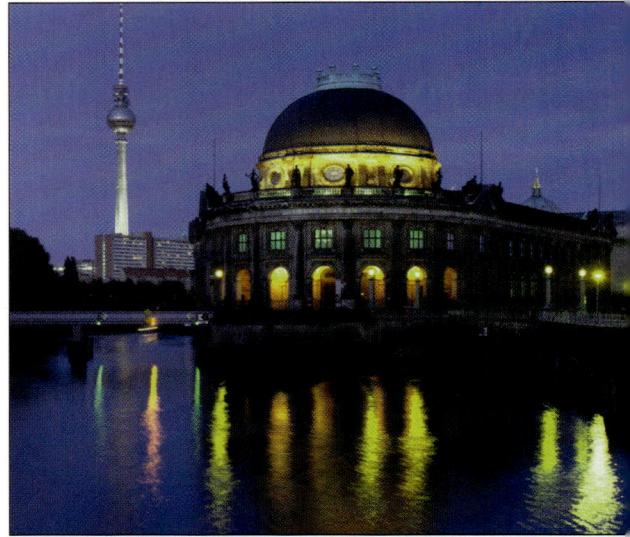

Das Bodemuseum auf der Museumsinsel beherbergt interessante Kunstschätze.

Die Bilder der East-Side-Gallery *sind Zeugnisse des Wendejahrs, als Künstler aus aller Welt die Mauer bemalten.*

Zur Mauer, bitte?

Bis zum November 1989 trennte die Mauer die Stadt Berlin in zwei Hälften. Die Übergänge wurden streng überwacht. Auch heute noch wollen die meisten Berlinbesucher die wenigen Reste der Mauer besichtigen. An der Gedenkstätte *Bernauer Straße* erinnern 70 m Mauerreste an die Jahre der Teilung und die über 160 Menschen, die bei Fluchtversuchen hier ums Leben kamen.

3 Wissen Sie noch, was Sie am 9. November 1989 gemacht haben?

Was ich am 9. November 1989 gemacht habe? Natürlich weiß ich das noch! Am Abend haben wir gehört, dass an der Chausseestraße die ersten aus 'm Osten rübergekommen sind. Da sind wir sofort hin und dann mit all den anderen zum Brandenburger Tor. Die Nacht dort werde ich nie vergessen – unbeschreiblich!

Unterwegs in Berlin

Berliner und Berlin-Besucher nutzen die Vorteile der öffentlichen Verkehrsmittel und fahren mit S-Bahn, U-Bahn, Tram (in Ostberlin) oder den vielen Bussen – pünktlich, sicher und schnell!

Auch „Nachtschwärmer" können mit ca. 60 Bus- und Straßenbahnlinien und am Wochenende zusätzlich auf zwei U-Bahn-Strecken kreuz und quer durch die Stadt fahren. Es gibt günstige Tages- und Touristenkarten. „Schwarzfahren" empfiehlt sich nicht: Die Kontrolleure arbeiten in Zivilkleidung und gelten als besonders unnachgiebig!

Mit der S-Bahn und der Regionalbahn kommt man schnell in die schöne Umgebung Berlins, z. B. nach Potsdam, an den Wannsee und zu den vielen Schlössern und Seen in der Mark Brandenburg. Apropos Seen und Flüsse (oder Kanäle): Auch per Schiff kann man Stadt und Umland kennen lernen.

4 Was sind die Vorteile des öffentlichen Verkehrssystems? Gibt es auch Nachteile?

5 Was bedeutet „schwarzfahren"?

6 nachgiebig – unnachgiebig: Finden Sie mindestens zehn andere Adjektive, die mit der Vorsilbe un- das Gegenteil bedeuten!

Wir machen durch!

Das Nachtleben und die Kulturszene in Berlin waren schon immer eine besondere Attraktion für junge Leute. In Berlin gibt es keine Sperrstunde, so dass Nachtlokale bis in die Morgenstunden geöffnet sind. Bestimmte Bars oder Clubs vor Mitternacht zu betreten ist auf jeden Fall „megaout".

7 Was bedeutet „Sperrstunde"? Gibt es so etwas auch in Ihrem Land?

Die Hälfte der türkischen Bevölkerung in Berlin ist hier geboren und unter 25 Jahre.

Multikulturelles Leben

In keiner anderen deutschen Stadt leben Menschen so vieler verschiedener Nationalitäten wie in Berlin. Nach dem Krieg kamen zuerst die Alliierten. Anfang der 60er-Jahre kamen die sogenannten Gastarbeiter aus Italien, Griechenland, Jugoslawien und später aus der Türkei. Heute sind rund 139 000 Türken in der Stadt zu Hause. Auch Aussiedler und Asylbewerber aus den Krisengebieten Afrikas, Asiens und Europas flüchteten hierher. Die Berliner und ihre ausländischen Mitbürger leben oft nebeneinander, nicht miteinander. Es gibt Vorurteile und Konflikte, aber auch viele Gruppen, die sich um Verständigung und kulturellen Austausch bemühen.

8 Aus welchen Ländern sind seit 1960 Zuwanderer nach Berlin gekommen?

Für Musikfans ist das Angebot in Berlin riesig. Alljährlicher Höhepunkt für Technofans ist die Love Parade im Juli.

Im Nordwesten

1 Welche Bundesländer liegen an der Nordsee? Sehen Sie sich die Karte auf Seite 7 an!

Land der Gegensätze

Niedersachsen ist – nach Bayern – das zweitgrößte Bundesland und landschaftlich sehr abwechslungsreich: 300 km Küste an der Nordsee, die Norddeutsche Tiefebene als Mittelpunkt und das Harz-Gebirge im Süden.

Zwei Drittel der Fläche Niedersachsens sind Agrarland. Traditionelle Bauernhäuser, Getreidefelder, Pferde und schwarz-bunte Kühe auf den Weiden bestimmen dort das Landschaftsbild.

Im Raum Hannover-Braunschweig konzentriert sich die Industrie des Landes. Die jährliche Industriemesse in Hannover ist die größte der Welt. Die Volkswagen-Stadt Wolfsburg liegt in der Nähe der Landeshauptstadt.

In Niedersachsen sprechen und pflegen noch viele Menschen, besonders auf dem Land, ihren Dialekt, das Platt(=Nieder)deutsche. In Hannover dagegen kann man das reinste Hochdeutsch der Republik hören.

Zwischen Nord- und Ostsee

Schleswig-Holstein ist auf zwei Seiten vom Meer umgeben. Im nördlichsten Bundesland gibt es kaum Wald, aber umso mehr Wind und Wasser. Die Menschen in Schleswig-Holstein haben schon immer von und mit dem Meer gelebt. Sie kennen auch die zerstörerische Gewalt des Wassers. Die Bewohner der Nordseeküste müssen das Land mit immer höheren Deichen gegen Sturmfluten schützen.

Fischerei und Schiffsbau haben sehr an wirtschaftlicher Bedeutung verloren; wichtig sind heute vor allem der Tourismus und die Landwirtschaft.

Schleswig-Holstein ist mit seinen Hafenstädten das „Tor" Deutschlands zu den skandinavischen und den Ostseestaaten. Der Nord-Ostsee-Kanal ist der meistbefahrene künstliche Wasserweg Europas.

In der Landeshauptstadt Kiel findet jedes Jahr die *Kieler Woche* mit Segelregatten und Kulturprogramm statt.

2 Sollten die Windräder einzeln in der Landschaft stehen oder in großen Parks? Was meinen Sie?

Lilafarbenes Heidekraut, sandiger Boden, Wacholder – das sind die typischen Merkmale der Lüneburger Heide. Sie ist eines der ältesten und bekanntesten Naturschutzgebiete Deutschlands.

Das 500 Jahre alte Holstentor steht in der Hansestadt Lübeck.

Wo früher viele Windmühlen standen, gewinnen heute moderne Windräder erneuerbare Energie.

Ferien an der Küste

Egal ob Nordsee oder Ostsee – überall an
Deutschlands Küsten gibt es schöne Ferienorte.
Sehr beliebt sind die Ost- und Nordfriesischen
Inseln, z. B. das autofreie Langeoog, Sylt,
Treffpunkt der mondänen Gesellschaft, und
auch die rote Felseninsel Helgoland mitten im
Meer. Die winzigen Inseln an der Westküste von
Schleswig-Holstein heißen Halligen. Sie sind
nicht durch Deiche gegen das Meer geschützt.
Bei Sturm melden sie „Land unter" und die
wenigen erhöht liegenden Häuser sind dann wie
Schiffe vom Meer umgeben.

An der Nordseeküste erstreckt sich das bis zu
30 km breite Wattenmeer. Bei Ebbe kann man
dort mit einem Führer Wanderungen machen:
Dieser Nationalpark bietet Lebensraum für viele
Tier-, besonders Vogelarten, und Pflanzen.

*Wer die Einsamkeit liebt, verbringt seinen Urlaub am
besten auf einer Hallig.*

3 Würden Sie gern auf einer
Hallig Ferien machen?

HH und HB

Im Norden Deutschlands liegen auch die
beiden Hansestädte Hamburg und
Bremen. Sie sind Stadtstaaten, das heißt
Stadt und Bundesland zugleich. Der
Bürgermeister ist nicht nur der
Stadtoberste, sondern auch der Chef der
Landesregierung.

Der Hamburger Hafen ist der größte
Deutschlands, aber für die Stadt nicht
mehr so wichtig wie früher. Hamburg
hat viel Industrie und ist auch als
Medienstadt bekannt. Große Verlage,
Werbeagenturen und Filmproduktionen
haben hier ihren Sitz.

Auch Bremen (mit seinem Seehafen
Bremerhaven) hat eine lange Tradition
des Seehandels. Aber die Schifffahrt ist
weltweit in der Krise und der Stadtstaat
muss sich wirtschaftlich neu orientieren.

4 Wie heißen die anderen fünf
Hansestädte? (Ein Tipp: Schauen
Sie auf Seite 64 nach!)

Deutsche und Dänen

Tausend Jahre haben sich Deutsche und Dänen um
Schleswig-Holstein gestritten. Lange Zeit über
bildete das Land eine politische Union mit
Dänemark. Nach zwei Kriegen wurde es 1864 Teil
Deutschlands und 1866 preußische Provinz. Bei
einer Volksabstimmung nach dem Ersten Weltkrieg
entschied sich aber die Mehrheit der Bevölkerung im
Norden, wo vor allem Dänen lebten, für Dänemark.
Schleswig-Holstein verlor ein Fünftel seiner Fläche.

*Die breite Promenade des Jungfernstiegs am Ufer der
Binnenalster ist das Zentrum des Fremdenverkehrs.*

Im Nordosten

1 Welche Region in Ihrer Heimat ist ziemlich ländlich und vielleicht etwas rückständig? Liegt sie am Rande oder im Zentrum des Landes?

Natur pur

Das neue Bundesland Mecklenburg-Vorpommern ist mit der Vereinigung entstanden und sehr dünn besiedelt: Hier leben auf einem Quadratkilometer nur 82 Einwohner. Schon früher hat man gesagt, dass in Mecklenburg-Vorpommern die Uhren langsamer gehen. Bis ins frühe 20. Jahrhundert waren die Bauern von Großgrundbesitzern abhängig und auch der technische Fortschritt erreichte diese Region sehr spät.

Das größte Kapital des Landes ist die Natur: die Ostseeinseln Rügen und Usedom, die langen Strände an der Küste und die ca. 650 Seen der Mecklenburgischen Seenplatte. Die Entwicklung eines „sanften" Tourismus soll verhindern, dass die Naturschönheiten zerstört werden.

Rostock ist die größte Stadt in Mecklenburg-Vorpommern. Landeshauptstadt wurde aber nach der Wiedervereinigung die alte Residenzstadt Schwerin.

Die berühmten Kreidefelsen auf Rügen, Deutschlands größter Insel.

Der Strandkorb

Der offizielle Erfinder dieses typisch deutschen Freizeit-Möbels war der Korbmacher Johann Falk vom Hof in Rostock. Ende des 19. Jahrhunderts kamen die Strandkörbe an Deutschlands Küsten in Mode.

Die Marienkirche in Lübeck

2 Viel Tourismus kann auch negative Folgen für eine Region haben. Welche sind das? Wie kann man sie Ihrer Meinung nach vermeiden?

Die Hanse

Die Hanse war seit etwa 1350 ein politischer und wirtschaftlicher Bund von deutschen und anderen Handelsstädten. 70 bis 80 Städte, vor allem in Norddeutschland und an der Küste, gehörten dazu. 200 Jahre lang hatte die Hanse das Handelsmonopol im Ostseeraum. Sie führte Kriege und organisierte den Austausch von Waren. Viele Giebelhäuser und Kirchen im typischen Stil der Backsteingotik stammen aus dieser Zeit. Sie bezeugen über Jahrhunderte hinweg den Reichtum und die Macht der Hansestädte.

Hamburg, Bremen, Lübeck, Rostock, Wismar, Stralsund und Greifswald tragen heute noch den offiziellen Namen *(Freie) Hansestadt* und den Buchstaben *H* im Autokennzeichen.

Das Rathaus in Stralsund

Das Land um Berlin

Brandenburg, das größte der neuen Bundesländer, umschließt die Hauptstadt Berlin. Ganz in der Nähe liegt die Landeshauptstadt Potsdam.

Brandenburg war lange Zeit Agrarland. Der wenig fruchtbare Sandboden hat den Bewohnern aber nie großen Reichtum gebracht. Im 17. und 18. Jahrhundert wurden viele Siedler aus anderen Ländern geholt. Diese Einwanderer – Holländer, Böhmen, Hugenotten aus Frankreich – waren eine große Hilfe bei der Entwicklung des Landes.

Zu DDR-Zeiten war Brandenburg ein Zentrum der Großindustrie. Für die Arbeiter in der Stahl- und Eisenindustrie wurde Eisenhüttenstadt als „erste sozialistische Stadt" neu gebaut. In der Umgebung von Cottbus konzentrierte sich der Braunkohleabbau. Heute stehen diese Regionen vor großen wirtschaftlichen, sozialen und ökologischen Problemen.

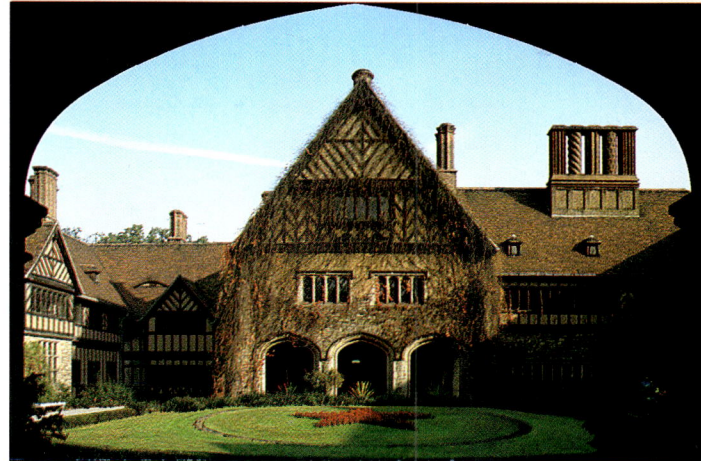

Im Schloss Cecilienhof in Potsdam verhandelten 1945 die Siegermächte über die Zukunft Deutschlands. Die Potsdamer Beschlüsse regelten die Aufteilung in Besatzungszonen und andere wichtige Fragen.

3 Wofür ist Potsdam berühmt? (Sehen Sie auf Seite 49 nach!)

Fontanes Wanderungen

Typisch für Brandenburg und Mecklenburg-Vorpommern sind die alten Alleen. Die meisten sollen bleiben, auch wenn es hier immer wieder „kracht". Schließlich kann man auf so schönen Strecken auch langsam fahren!

In seinen *Wanderungen durch die Mark Brandenburg* (angefangen 1859) beschreibt der Dichter Theodor Fontane im Stil des Reisefeuilletons Naturschönheiten, Kirchen und Schlösser und die Bewohner der Region.

Es ist mit der märkischen Natur wie mit manchen Frauen.
„Auch die häßlichste" – sagt das Sprichwort – „hat immer noch sieben Schönheiten." Ganz so ist es mit dem „Lande zwischen Oder und Elbe"; wenige Punkte sind so arm, daß sie nicht auch ihre sieben Schönheiten hätten.
Man muß sie nur zu finden verstehen. Wer das Auge dafür hat, der wag es und reise.

4 Was für ein „Auge" braucht der Besucher der Mark Brandenburg?

5 Übernehmen Sie eine Rolle und führen Sie mit einem Partner ein Streitgespräch zum Thema: „Alleen erhalten – ja oder nein?". Der eine ist Straßenbauingenieur, der andere Naturschützer.

An Rhein und Ruhr

1 Welche der folgenden Aussagen sind richtig?
- Bonn ist die **a** Hauptstadt Nordrhein-Westfalens
  b Hauptstadt der BRD
  c ehemalige Hauptstadt der BRD.
- In Nordrhein-Westfalen gibt es **a)** 20, **b)** 25, **c)** 30 Städte mit mehr als 100 000 Einwohnern.

Der „Kohlenpott" Deutschlands

Nordrhein-Westfalen ist das bevölkerungsreichste Bundesland. Fast 18 Millionen Menschen leben hier, vor allem im Zentrum des Landes, im Ruhrgebiet. Dort reiht sich eine Großstadt an die andere. Das rheinisch-westfälische Wirtschaftsgebiet ist das größte Industriezentrum Europas. Der traditionelle „Kohlenpott" Deutschlands ist aber nur noch zu dreißig Prozent von Kohle und Eisen abhängig. Heute stehen chemische Industrie und Maschinenbau an erster Stelle.

Nordrhein-Westfalen ist auch ein grünes Land mit viel Wald und Wasser(kraft). Viele Seen sind durch Stauwerke entstanden oder füllen die Löcher, die der Tagebau hinterlassen hat.

Die Landeshauptstadt Düsseldorf, Zentrum von Kunst und Mode, liegt direkt am Rhein. Hier „sitzen" 40 der 100 größten deutschen Firmen und auch viele japanische Konzerne. Die über 50 Universitäten und zahlreiche Technologiezentren im Land sorgen für qualifizierte Arbeitskräfte und das wissenschaftliche „know-how".

Von 1949 bis zur Wiedervereinigung war Bonn die Hauptstadt der BRD.

Im Berg arbeiten

Im 19. Jahrhundert kamen Millionen Menschen, darunter viele aus den heute polnischen Gebieten, ins Ruhrgebiet. Vater, Sohn und Enkelsohn: Alle waren „Kumpel", das heißt Bergarbeiter. Sie lebten in ärmlichen Siedlungen im Schatten der Fördertürme und waren stolz auf ihren Beruf. Aber immer mehr Kohlengruben und Bergwerke schließen. Der Urenkel kennt die harte Arbeit unter Tage nur noch aus Erzählungen.

Wie die meisten Städte am Rhein wurde auch Köln von den Römern gegründet. Heute ist die größte Stadt in Nordrhein-Westfalen bekannt für ihre Museen und als Messe- und Medienstadt.

2 Was ist das Wahrzeichen von Köln? Was wissen Sie über seine Geschichte? (Schauen Sie auf Seite 48 nach!)

3 Drei große Städte im Ruhrgebiet heißen D _ _ t _ u _ d, _ s s _ _ und D _ _ _ b _ r g.

Weinland im Südwesten

Rheinland-Pfalz ist berühmt für seine Weine. Zwei Drittel der deutschen Weinproduktion kommen aus den Weinbergen an den Flüssen Rhein, Mosel und Lahn. Im südlichen Teil des Bundeslandes ist das Klima so mild, dass dort Feigen, Zitronen und Tabak wachsen.

Städte wie Mainz, Trier und Koblenz erzählen von ihrer langen Geschichte seit der Römerzeit. In Speyer, Worms und Mainz stehen die großen Kaiserdome aus dem Mittelalter.

Die Hauptstadt von Rheinland-Pfalz ist Mainz. Ein Museum, ein Denkmal und der Name der Universität erinnern an den berühmtesten Sohn der Stadt: Johannes Gutenberg, Erfinder des Buchdrucks.

Neben dem Wein ist die chemische Industrie sehr wichtig für die Wirtschaft des Landes. In Ludwigshafen steht das größte Chemiewerk Europas: die *Badische Anilin- und Soda-Fabrik*, besser bekannt als *BASF*.

4 Auf Seite 11 finden Sie weitere Informationen über Gutenberg. Fassen Sie alles in einem kurzen Porträt zusammen!

Auf einer Fahrt mit dem Schiff kann man das romantische Rheintal mit seinen alten Ritterburgen besonders gut kennen lernen.

Die Eisenhütte Völklingen ist nicht die einzige in der Region, die stillgelegt wurde. Aber als Industriedenkmal auf der UNESCO-Liste ist sie etwas Besonderes.

Klein, aber europäisch

An der Grenze zu Luxemburg und Frankreich liegt das Saarland. Saarbrücken ist die Hauptstadt und gleichzeitig die einzige Großstadt des kleinen Bundeslandes.

Das Land wurde 1920 und dann auch nach dem Zweiten Weltkrieg von Deutschland abgetrennt. Frankreich wollte eine Wirtschaftsunion und die politische Unabhängigkeit des Gebiets. Erst 1957 wurde das Saarland wieder Teil der Bundesrepublik.

Wie das Ruhrgebiet verdankte das Saarland seinen wirtschaftlichen Aufstieg der Kohle in der Erde. Die Krise in der Montanindustrie hat das kleine Land hart getroffen. Aber die guten Verbindungen zu den europäischen Nachbarn, besonders zu Frankreich, sind ein wichtiges „Startkapital" für die Zukunft im vereinten Europa.

In der Mitte

1 Ist die geografische Mitte Deutschlands auch das wirtschaftliche und kulturelle Zentrum des Landes?

2 Die Mitte Deutschlands mit den vielen Wäldern ist die Landschaft der deutschen Märchen. Welche kennen Sie – z. B. von Grimms Märchen?

An Rhein und Main

Hessen ist durch seine Wirtschaft eines der reicheren Bundesländer. In der Rhein-Main-Region finden sich Weltfirmen wie Hoechst und Opel. Frankfurt am Main ist Sitz vieler Banken und der größten deutschen Börse. Der Frankfurter Flughafen ist der zweitgrößte Europas. Auch kulturell hat die Stadt Goethes einiges zu bieten: das Museumsufer am Main, eine eigene Oper, renommierte Theater und Kunsthallen wie z. B. die *Schirn* mit Ausstellungen moderner Kunst.

Im Norden ist die Stadt Kassel Mittelpunkt des zweiten hessischen Wirtschaftszentrums. Hier findet alle fünf Jahre die *documenta* statt. Seit 1955 kann man dort das Neueste aus der Internationalen Kunst sehen.

In den ländlichen Gebieten zeigt das waldreiche Bundesland Hessen ein ganz anderes Gesicht. Die Menschen dort sprechen noch ihre lokalen Dialekte und haben viel Sinn für Tradition.

Frankfurt ist Deutschlands einzige Stadt mit „Skyline". Einen neuen Höhepunkt bildet mit 298 Metern das Haus der Commerzbank. Und die Euro-Hauptstadt will noch weiter nach oben!

3 Warum wird Frankfurt am Main auch „Mainhattan" genannt?

Die hessische Landeshauptstadt Wiesbaden ist auch ein eleganter Kurort und berühmt für ihre Heilquellen. Zum Kurhaus gehört – wie in vielen Badeorten – ein Spielkasino.

Zur Kur fahren

Ein Arzt kann seinen Patienten eine Kur verordnen. Aber auch für einen Fitness-Urlaub sind die über 300 Kurorte in Deutschland ideal. Schon Kaiser und Könige ließen sich dort von ihren Krankheiten „kurieren".
Kurorte haben ein mildes Klima, eine schöne Umgebung und Thermalquellen. Der Kurgast muss zwar Kurtaxe bezahlen, aber dafür ist das Kurkonzert im gepflegten Kurpark gratis!

4 Was ist ein Kurort? Geben Sie eine kurze Definition mit eigenen Worten!

68

Das „grüne Herz"

Durch die Vereinigung ist das Land Thüringen im Südwesten der früheren DDR in die Mitte Deutschlands gerückt. Der Thüringer Wald mit seinen Bergen (bis 984 m hoch) und den einsamen Orten in den Tälern ist das „grüne Herz" und ein beliebtes Touristenziel.

Thüringen braucht den Fremdenverkehr, denn Arbeitsplätze in Industrie und Landwirtschaft sind nach der Wende rar geworden.

Die Wartburg bei Eisenach ist sehenswert. Hier versteckte sich 1521–1522 der Kirchenreformator Martin Luther und übersetzte das Neue Testament. 1817 demonstrierten hier national-liberal gesinnte Studenten.

Touristisch interessant sind auch die Städte Weimar und Jena. Die frühere Residenz- und Hauptstadt Weimar war um 1800 das Zentrum der deutschen Klassik. Wegen ihrer besseren Infrastruktur wurde aber 1990 Erfurt die neue Hauptstadt Thüringens.

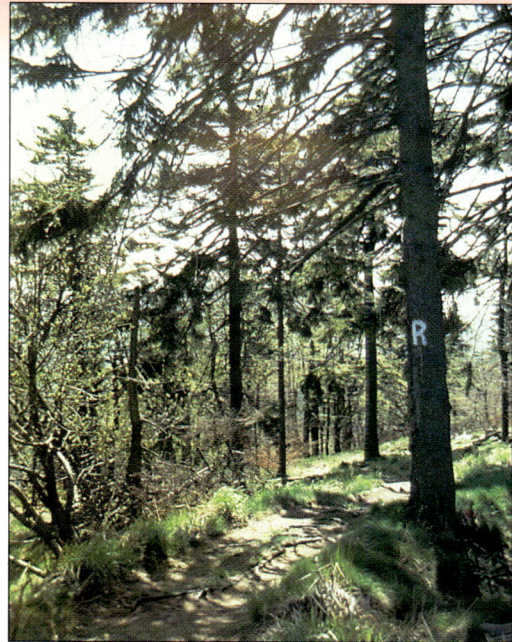

Der Rennsteig, ein alter Handelsweg auf den Höhen des Thüringer Waldes, ist heute bei Wanderern und Skifahrern beliebt.

An Elbe und Saale

Das Gebiet von Sachsen-Anhalt war das Kernland des mittelalterlichen deutschen Reiches. Der Besucher findet dort noch viele Zeugnisse der Vergangenheit: Schlösser und Burgen, die Dome von Magdeburg und Naumburg und alte Fachwerkhäuser.

Der Norden mit seinen fruchtbaren Böden ist das Zentrum der Landwirtschaft. Im Süden liegen große Industriegebiete mit Braunkohle- und Kaligruben und chemischen Fabriken.

In der Region um Halle und Bitterfeld sind die Umweltschäden enorm. Die notwendigen Reparaturarbeiten kosten viele Milliarden.

Hauptstadt von Sachsen-Anhalt ist Magdeburg an der Elbe. Die größte Stadt des Landes, Halle an der Saale, wurde reich durch die Salzgewinnung und berühmt durch die 1694 gegründete Universität. Die Händel-Festspiele erinnern jedes Jahr an den berühmten Komponisten aus Halle.

In Quedlinburg im Harz kann man das Mittelalter „live" erleben. Die kleine Stadt hat über 1200 Fachwerkhäuser aus sechs Jahrhunderten.

5 Das Fachwerk war im Mittelalter in Deutschlands Städten und Dörfern die vorherrschende Bauweise. Welche Materialien wurden für Fachwerkhäuser benutzt?

Ein starker Neuer

1 Welches Mittelgebirge grenzt Sachsen nach Süden hin ab?
Sehen Sie auf der Karte auf Seite 7 nach!

Innovativ und kreativ

Sachsen ist unter den neuen Bundesländern das
bevölkerungsreichste Land und am stärksten
industrialisiert. Die Bergbaugebiete im Erzgebirge
im Süden und die Industrieregionen um Chemnitz
und Leipzig gehören zu den ältesten Europas.
Auch die deutsche Arbeiterbewegung wurde im
19. Jahrhundert in Sachsen „geboren". Die
Sachsen spielten auch eine besonders aktive Rolle
bei der friedlichen Revolution in der DDR, die
1989 die Wende brachte.

Die größte Stadt des Landes ist Leipzig. Hier
wurde und wird gehandelt. Die Leipziger Messe ist
ein wichtiger Treffpunkt vor allem für Kontakte
mit Osteuropa. Auch als Musikstadt ist Leipzig
weltbekannt: Johann Sebastian Bach arbeitete
hier viele Jahre für die Kirche als Musikdirektor,
Komponist und Organist.

Die Landeshauptstadt Dresden ist mit ihren
Museen, Kunstsammlungen und berühmten
Bauten des Barock das kulturelle Zentrum des
Landes. In Meißen kann man die sächsische
Porzellanmanufaktur, die älteste Europas,
besichtigen.

Kindheit in Dresden

In seinem Buch *Als ich ein kleiner
Junge war* erzählt der bekannte Autor
Erich Kästner (1899–1974) Kindern
und Erwachsenen von seiner Kindheit
in Dresden.

*Wenn es zutreffen sollte, dass ich nicht nur
weiß, was schlimm und hässlich, sondern
auch, was schön ist, so verdanke ich diese
Gabe dem Glück in Dresden aufgewachsen
zu sein. [...] Die katholische Hofkirche,
Georg Bährs Frauenkirche, der Zwinger,
[...] und gar, von der Loschwitzhöhe aus,
der Blick auf die Silhouette der Stadt mit
ihren edlen, ehrwürdigen Türmen, [...].
... die Stadt Dresden gibt es nicht mehr.
[...] Jahrhunderte hatten ihre
unvergleichliche Schönheit geschaffen. Ein
paar Stunden genügten, um sie vom
Erdboden fortzuhexen.*

2 Kennen Sie andere Bücher
von Erich Kästner?

3 Wann und wie wurde Dresden vom Erdboden „fortgehext"?
Ist in Dresden tatsächlich nichts von den historischen
Bauten erhalten? Sehen Sie auch auf Seite 48 nach!

Wie haben Sie die friedliche Revolution erlebt?

> *Mit einer Freundin traf ich mich in der Nikolaikirche, wo jeden Montag ein Friedensgebet stattfand. Dann liefen wir mit den anderen, die sich vor der Kirche versammelt hatten, durch die Straßen. Es war dunkel, voll und die Leute waren etwas ängstlich! Aber wir wollten, dass sich etwas ändert: die Regierung, unsere Lebensumstände.*

Sudetendeutsche

Die in Böhmen und Mähren angesiedelten Deutschen wurden seit 1902 Sudetendeutsche genannt. Kurz vor dem Ende des 2. Weltkriegs wurden sie des Landes verwiesen. Von den fast 3 Millionen Sudetendeutschen durften nur knapp 200 000 in ihrer Heimat bleiben. Heute lebt eine kleine deutsche Minderheit in der Tschechischen Republik.

4 Wissen Sie, in welchen Ländern deutsche Minderheiten leben? Sehen Sie auf Seite 10 nach!

Die sächsische Romantik

Das Böhmische Mittelgebirge, das Riesengebirge und die Gegend um das Elbsandsteingebirge zogen Landschaftsmaler wie Caspar David Friedrich an. Die Natur wurde ein sehr wichtiges Motiv in der Malerei der Romantik. Die Elbestadt Dresden war Anfang des 18. Jahrhunderts geistiges Zentrum für viele Künstler der Romantik. Die Dichter Ludwig Tieck, Novalis, Jean Paul und der Musiker-Dichter E.T.A. Hoffmann trafen hier zusammen. Die philosophischen Führer der Romantik, die Brüder Schlegel und Schelling, kamen zu Besuch und Heinrich von Kleist wirkte bei der Kunstzeitschrift *Phoebus* mit. Carl Maria von Weber komponierte hier die erste romantische Oper, den *Freischütz*.

Fantasie, Gefühl und die Suche nach dem „Wunderbaren" kennzeichnen die Gedichte, Dramen, Märchen und Romane dieser Epoche.

Die Felsenlandschaft im Elbsandsteingebirge wurde um 1812 von Caspar David Friedrich gemalt. Diese wildromantische Szenerie weckt Assoziationen mit der Wolfsschlucht in Carl Maria von Webers Oper Freischütz.

5 Welche deutschen Märchenerzähler kennen Sie? Gibt es in Ihrem Land auch Märchen?

6 Welche Gefühle weckt dieses Gemälde bei Ihnen? Möchten Sie sich in dieser Landschaft aufhalten?

Im Süden

1 Worin unterscheiden sich die Süddeutschen von den Norddeutschen? Was meinen Sie?

High-Tech und Sommerfrische

Baden-Württemberg grenzt an Frankreich und die Schweiz und gehört zu den landschaftlich schönsten Regionen in Deutschland. Der Schwarzwald und der Bodensee im Süden sind beliebte Feriengebiete. An den Hängen der Täler wachsen Wein und Obst, denn das Klima ist mild und der Boden fruchtbar.

Es ist aber auch ein hochindustrialisiertes Land mit dichtbesiedelten Wirtschaftszentren im Raum Mannheim-Karlsruhe und Stuttgart-Heilbronn. Fast ein Fünftel des deutschen Exports kommt aus Baden-Württemberg, z. B. Mercedes aus der Landeshauptstadt Stuttgart.

Zwischen 1804 und 1808 arbeiteten die „Heidelberger Romantiker" Brentano, Arnim und Görres in der malerischen alten Universitätsstadt Heidelberg. Sie wurde zu einem der meistbesuchten touristischen Ziele in Deutschland.

Auch Freiburg im Südschwarzwald mit seinem mittelalterlichen Münster ist sehenswert.

Karlsruhe ist das Zentrum des badischen Landesteils und Sitz von Bundesgerichtshof und Bundesverfassungsgericht, den höchsten deutschen Gerichten.

Vom „Philosophenweg" hat man den besten Blick auf Heidelberg mit seinen Neckarbrücken und dem imposanten Schloss.

2 Wofür ist der Schwarzwald berühmt?

Die Schwaben

Die Schwaben leben in Bayern und Baden-Württemberg und gehören zur Volksgruppe der Alemannen. Jeder Deutsche erkennt die Schwaben an ihrem typischen Dialekt, sogar wenn sie Hochdeutsch sprechen. „Schaffe, spare, Häusle baue" – von den Schwaben sagt man, dass sie sehr fleißig, sparsam und ordnungsliebend sind. Sie gelten auch als besonders erfindungsreich. Das Fahrrad, das Automobil und nicht zuletzt die Kuckucksuhr sind im „Schwabenland" erfunden worden.

Der Freistaat Bayern

Bayern ist flächenmäßig das größte Bundesland und war lange Zeit Agrarland. Es ist auch heute noch der größte deutsche Nahrungsmittelproduzent. In den Jahren nach dem Krieg hat aber sehr schnell die Industrie die erste Stelle eingenommen. Auch der Tourismus bringt dem Land Geld und Arbeitsplätze. Wirtschaftliche Zentren sind neben München die Städte Nürnberg und Augsburg. München, die Landeshauptstadt an der Isar, ist wegen ihres südlichen Flairs und der landschaftlich schönen Umgebung ein beliebter Wohnort. Viele verbinden München mit Biergärten und dem berühmten Oktoberfest, aber Galerien, Museen, Straßencafés und Bauwerke aller Stilepochen zeugen von seiner Kultur.

Bayern hat eine traditionsreiche Geschichte. Sie zeigt sich auch in den prunkvollen Bauten der Kirche und der bayrischen Könige. Barock- und Rokokokirchen (wie die berühmte Wieskirche bei Steingaden) findet man auch in den kleinen bayrischen Dörfern.

Ein traditionelles Kleidungsstück der Bayern, die handgemachte, echte Lederhosn, *ist „ir", und das nicht nur in Bayern.*

Ein bayrisches Märchen

Eine fantastische Märchenwelt zeigt sich in den Schlössern des bayrischen Königs Ludwig II.: *Herrenchiemsee, Neuschwanstein* und *Linderhof* entführten den König in eine magische, irreale Welt, die der Kunst und der Musik Wagners gewidmet war.

Schloss Neuschwanstein *im Allgäu wurde nach dem Modell der* Thüringer *Wartburg* erbaut.

Ausflug in die Natur

Bayern, das Land der Berge und Seen, grenzt im Süden an die Alpen. Von Garmisch-Patenkirchen, dem bedeutendsten deutschen Wintersportort, kann man den höchsten Gipfel der deutschen Alpen erreichen: die Zugspitze mit 2963 Metern. Die Alpen und das Alpenvorland sind reich an schönen Seen: Ammer-, Starnberger-, Chiem-, Tegern- und Walchensee sind nur einige davon. Bei Lindau berührt Bayern den Bodensee.

Im Norden Bayerns sind die Berge nicht so hoch. Das Fichtelgebirge ist ein Mittelgebirge mit viel Wald, Felslabyrinthen und Steingärten.

3 | Hat Bayern Anteil an den Alpen?

4 | Können Sie alle bayrischen Gebirgszüge benennen? Benutzen Sie die Karte auf Seite 7!

A n der Donau

In Österreich

1 Warum ist die Donau für Österreich so wichtig?
Hat Ihr Land auch einen größeren Fluss?

Eine Donaufahrt

An der schönen, blauen Donau heißt ein bekannter Walzer von
Johann Strauß Sohn. Die vielbesungene Donau ist Österreichs
wichtigster Fluss. Sie dient als Wasserweg und produziert Elektrizität –
ungefähr ein Viertel des österreichischen Stroms kommt aus
Donaukraftwerken.

An den Ufern der Donau liegen Vergangenheit und Gegenwart nah
beieinander. Hier einige sehenswerte Stationen.

Burgruine Schaumberg

Schaumberg ist eine der vielen Burgen und
Burgruinen, die auf beiden Seiten die Donau
bewachen. Hier saßen die adligen Herren und
kassierten Zoll von den Handelsschiffen.

Maria Laach

Maria Laach ist Österreichs
wichtigster Wallfahrtsort. Übrigens:
78% aller Österreicher sind
katholisch. Der geschnitzte Altar
und das Bild der Maria mit sechs
Fingern in der gotischen
Pilgerkirche sind weltbekannt.

Passau

● Passau

● Burgruine Schaumberg

Linz ●

● Mauthausen

Passau

Im bayrischen Passau hat die
Donau auf ihrem Weg von der
Quelle im Schwarzwald schon
einige Hundert Kilometer hinter
sich. Nicht weit von der alten
Bischofsstadt mit den vielen
Kirchen und Klöstern passiert der
Fluss die Grenze zu Österreich.

Linz

Linz ist die Hauptstadt von
Oberösterreich und die drittgrößte
Stadt in ganz Österreich. Von der
Donau aus sieht man Zeugen der
Vergangenheit und Gegenwart: die
barocke Altstadt und die riesigen
Anlagen der Stahl- und Chemieindustrie.

Mauthausen

Mauthausen („Maut"
bedeutet Zoll) war früher
eine wichtige Zollstelle.
Aber nur wenige Besucher
wissen über die jüngere
Vergangenheit Bescheid.
Die Nationalsozialisten
hatten hier von 1939 bis
1945 ein großes
Konzentrationslager.

2 Wo entspringt die Donau?
Wo mündet sie ins Meer?

3 Die Donau ist der zweitlängste Fluss
Europas? Wie heißt der längste?

74

Dürnstein

Bei Dürnstein ist die Donau besonders schön. Die Wachau ist eine Landschaft, die reich an Wein, Wald und Burgen ist.

Klosterneuburg

Nicht weit von Wien liegt Klosterneuburg. Die Bibliothek des Stifts beherbergt kostbare Gemälde und Bücher.

Hainburg

Von Wien aus kann man auf der Donau einen Tagesausflug in die slowakische Hauptstadt Bratislava machen. Südöstlich von Wien liegen die *Donauauen*. Eine so große „Wasser-Landschaft" dieser Art gibt es nur einmal in Europa. Als Nationalpark ist sie besonders geschützt. Nach Hainburg verlässt die Donau nach ungefähr 350 Kilometern Österreich und heißt nun „Dunaj". Bevor sie südlich von Odessa ins Schwarze Meer mündet, ändert sie noch einige Male Namen und Nationalität.

Map labels: Dürnstein · Maria Laach · AKW Zwentendorf · Melk · Klosterneuburg · Der Wienerwald · Kahlenberg · Hainburg

AKW Zwentendorf

An dieser Stelle erblickt der Donaureisende ein besonderes Zeugnis der jüngeren Geschichte: die Schornsteine des Atomkraftwerks Zwentendorf. Bürgerprotest verhinderte 1978, dass die fertige Anlage in Betrieb ging. Seitdem hat Österreich ein Atomsperrgesetz, das den Bau von Atomanlagen verbietet.

Melk

Auf einem Granitfelsen hoch über der Donau liegt das mächtige Stift Melk. Diese prachtvolle Barockanlage ist eine der schönsten in ganz Österreich und beherbergt eine große Bibliothek.

Kahlenberg

Vom Kahlenberg (483 m) hat man eine wunderbare Aussicht auf Wien und das Wiener Becken. Der Berg spielte im Jahr 1683, als Wien von den Türken befreit wurde, eine wichtige strategische Rolle.

Der Wienerwald

Südlich von Klosterneuburg und westlich von Wien liegt der Wienerwald, ein Mittelgebirge. Viele kleine Weinorte mit Heurigenlokalen und romantische Täler machen diese Gegend zu einem beliebten Ausflugsziel.

75

Das Zentrum Wien

1 Man sagt, Wien und die Wiener haben ein besonderes „Flair". Welche Vorstellung haben Sie davon?

Kaffeehaus statt Wohnzimmer

Von den Wienern sagt man, dass sie nicht gerne zu Hause sind, sondern am liebsten im Kaffeehaus sitzen. Wer dort allerdings einfach einen Kaffee bestellt, bekommt Probleme. Es gibt ein riesiges Angebot und die vielen Namen für die verschiedenen Zubereitungsarten sind eine Wissenschaft für sich. Ein *Einspänner* z. B. ist ein Espresso im Glas mit Schlagsahne (*Schlagobers* sagen die Österreicher). Ein *kleiner Brauner* ist eine kleine Tasse Kaffee mit ein bisschen Milch und eine *Melange* ein Milchkaffee. Und natürlich gibt es in einem echten Wiener Kaffeehaus ein Glas Wasser dazu und manchmal auch einen „grantigen" (grantig = schlecht gelaunt, unfreundlich) Kellner. Der heißt hier übrigens „Herr Ober".

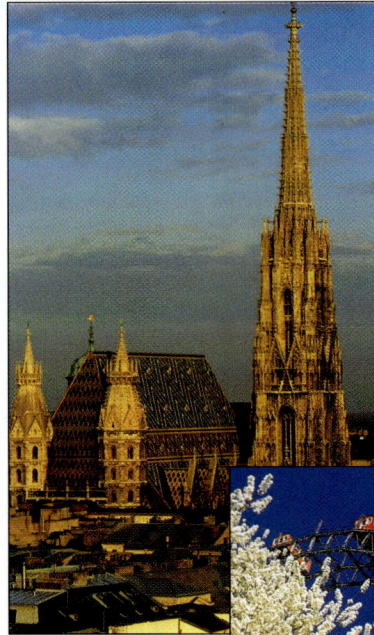

Der Stephansdom ist seit dem Mittelalter das Herzstück des Wiener Stadtzentrums.

Das Riesenrad im Prater ist eines der Wahrzeichen Wiens. In zehn Minuten dreht es sich gemütlich bis zum höchsten Punkt (65 m). Berühmt wurde es auch durch Carol Reeds Film Der dritte Mann.

Im Kaffeehaus kann man in Ruhe Zeitung lesen, philosophieren oder Schach spielen.

Der Mann mit der Couch

Über fünf Jahrzehnte lebte und arbeitete der Psychoanalytiker Sigmund Freud (1856–1939) in Wien. Seine Wohnung in der Berggasse ist jetzt ein Museum. Freuds psychologische Theorien waren damals ein Skandal. Heute gehören seine Einsichten zur Sexualität und zum Unbewussten zur Allgemeinbildung. Die berühmte Couch, auf die Freud seine Patienten legte, steht aber nicht in Wien, sondern in London. Dorthin musste der jüdische Wissenschaftler, verfolgt von den Nazis, 1938 emigrieren.

2 Wie trinken Sie Ihren Kaffee am liebsten?

3 Warum musste Sigmund Freud nach England ins Exil gehen? Wie lange hat er dort gelebt?

Die Habsburger

Die Stadt Wien war mehr als 600 Jahre lang das Zentrum der Habsburger Monarchie. Von hier aus regierten Herrscher wie Maria Theresia und Franz Joseph ihr riesiges Reich. Die Habsburger haben das Gesicht der Stadt geformt. Der Stephansdom, die Hofburg, das Schloss Schönbrunn und viele andere Baudenkmäler erinnern an die große Zeit der Dynastie. In den Museen und Schatzkammern kann man Bilder, Kronjuwelen und andere Kostbarkeiten besichtigen. Erst 1918 nach dem Ersten Weltkrieg ging die Ära der Habsburger zu Ende. Aber in Wien ist ihr Erbe bis heute lebendig.

Die Wiener Hofburg war das Machtzentrum des Habsburger Reichs bis 1918. Heute beherbergt die riesige Palastanlage die Amtsräume des Bundespräsidenten, die berühmte Spanische Reitschule, Museen, Kongress- und Ballräume und die Nationalbibliothek.

Wien tanzt und singt

Im Januar und Februar ist in Wien Ballsaison: Opernball, Feuerwehrball, Studentenball ... Und alle tanzen Walzer – auch links herum. Der Wiener Kongress zu Beginn des 19. Jahrhunderts brachte den Tanz in Mode.

Auch der Chor der Wiener Sängerknaben hat eine lange Tradition. Die Ausbildung im Internat und die vielen Auftritte sind harte Arbeit für die Jungen. Mit dem Stimmbruch – also mit ungefähr zwölf Jahren – ist ihre Zeit im Chor beendet. Später werden aber viele ehemalige Sängerknaben Berufsmusiker.

Das Majolikahaus in Wien und dieses Porträt von Klimt zeugen vom Wiener Jugendstil.

Jugendstil – Wiener Art Nouveau

In Wien wurde der Jugendstil 1897 durch die Künstler der Sezession verbreitet. Zu den berühmtesten Vertretern gehörten der Maler Gustav Klimt, der Designer Koloman Moser und die Architekten Otto Wagner und Josef Hoffmann. Die Suche nach neuen Formen, reiche Ornamentik und die Betonung von Linien und Flächen sind bezeichnend für diese Kunstrichtung.

Nieder- und Oberösterreich

1 Wie viele Bundesländer hat Österreich insgesamt? Schauen Sie auf der Karte auf Seite 7 nach!

Das Land um Wien

Niederösterreich ist das größte Bundesland und umschließt die Bundeshauptstadt Wien. Im Norden liegen das Wald- und das Weinviertel, im Süden die fruchtbare Donauebene und das Alpenvorland. Die Region war schon in prähistorischer Zeit besiedelt und gilt als das Kernland Österreichs. Auch der Weinbau hat hier Tradition. 60% aller österreichischen Weine kommen aus Niederösterreich, z. B. der *Grüne Veltliner*, ein leichter und trockener Weißwein.

Neben der Landwirtschaft sind die Erdöl- und Erdgasfelder nordöstlich von Wien ein wichtiger Wirtschaftsfaktor.

Seit 1986 ist St. Pölten die Landeshauptstadt. Vorher war Wien auch das Verwaltungszentrum für Niederösterreich.

Baden bei Wien hat eine hübsche Altstadt.

Von Payerbach ist es nur ein Sprung auf den Semmering, einen beliebten Ausflugsberg südlich von Wien.

Die „Kellergassen" liegen außerhalb der Dörfer mitten in den Weingärten. Unter den sogenannten Presshäusern lagert der Wein in einem Labyrinth aus Kellern und Tunneln.

Das Weinviertel

Im Nordosten Niederösterreichs liegt das sogenannte Weinviertel. Zwischen den vielen Weinbergen, die ihm seinen Namen gegeben haben, erstrecken sich weite Getreide- und Rübenfelder. Der Boden und das milde Klima dort sind besonders günstig für den Weinbau.

In der zweiten Hälfte des 19. Jahrhunderts wurden fast alle Weinstöcke durch Schädlinge zerstört. Die österreichischen Weinbauern mussten wieder ganz von vorn anfangen. Heute werden im Weinviertel vor allem Weißweine angebaut.

Eine Besonderheit der jahrhundertealten Weinkultur im Weinviertel sind die „Kellergassen", wo der Wein gepresst wird. Unter den kleinen Häusern wird der Wein gelagert. Mehr als 1000 dieser alten Kellergassen gibt es in Niederösterreich.

2 Man sagt, Niederösterreich sei das „Kernland" Österreichs. Bedeutet das:
  a Niederösterreich liegt in der Mitte des Landes?
  b Hier siedelten die ersten Bewohner des Landes?
  c In Niederösterreich haben die Weintrauben viele Kerne?

Modern und prähistorisch

Oberösterreich erstreckt sich zwischen dem Böhmerwald im Norden und dem Dachsteingebirge im Süden. Das viertgrößte Bundesland ist wirtschaftlich sehr stark. Die Landwirtschaft ist gut entwickelt und in den Städten Linz, Steyr und Wels konzentriert sich die Industrie, vor allem Stahl- und Chemiewerke.

Linz, die Hauptstadt von Oberösterreich, profitierte schon im Mittelalter von der günstigen Lage am Schnittpunkt europäischer Handelswege. Aber die Geschichte der Region reicht viel weiter zurück. Im Salzbergwerk bei Hallstatt fanden 1734 Bergmänner einen gut konservierten Leichnam. Dieser „Mann im Salz" gehörte zu einem Volk, das 800 bis 400 vor Christus hier lebte und arbeitete. Die Fundstelle hat einer ganzen Epoche der Menschheitsgeschichte ihren Namen gegeben, der Hallstattzeit.

Touristen zieht es vor allem in den Süden von Oberösterreich, ins Salzkammergut. Einer der bekanntesten Ferienorte ist St. Gilgen am Wolfgangsee.

Sommerfrische des Kaisers

Tausende von Touristen besichtigen jedes Jahr die Kaiservilla in dem Kurort Bad Ischl. Hier verbrachte der österreichische Kaiser und vorletzte Habsburger Franz Joseph I. seinen Sommerurlaub. In Bad Ischl lernte er auch die damals 15-jährige Elisabeth („Sisi") kennen. Zwei Jahre später heiratete der Kaiser seine Kaiserin, aber ganz anders als in den bekannten „Sissi"-Filmen war die echte Elisabeth eine exzentrische und ruhelose Frau. Sie flüchtete vor ihrem arbeitswütigen Ehemann und dem höfischen Leben auf Reisen. 1898 wurde sie von einem italienischen Anarchisten ermordet.

In der Kaiservilla erlebte der alte Franz Joseph den Beginn des Ersten Weltkrieges, aber nicht mehr das Ende des Habsburger Reichs. Er starb 1916.

3 Produziert(e) Ihr Land auch Autos, die international bekannt sind?

4 Wie lange dauerte ungefähr die Zeit der Habsburger? (Lesen Sie noch mal Seite 77!)

„Austro"-Autos

Der Steyr XII, ein erfolgreicher Bergwagen, wurde von dem Österreicher Ferdinand Porsche entwickelt. Ihre Namen hatten diese und andere österreichische Fahrzeuge von der Stadt Steyr und den Steyr-Automobilwerken (ab 1934 *Steyr-Daimler-Puch AG*).

Vorarlberg und Tirol

1 An welche Staaten grenzt das Bundesland Vorarlberg? Schauen Sie auf der Karte auf Seite 7 nach!

Vom Bodensee bergauf

Vorarlberg ist das westlichste und zweitkleinste Bundesland. (Wien ist kleiner, hat aber fast fünfmal so viele Einwohner.) Die Verbindungen zu den Nachbarländern – Deutschland, Liechtenstein und die Schweiz – waren schon immer von kultureller und wirtschaftlicher Bedeutung. 13 Straßen führen nach Deutschland und in die Schweiz, aber nur drei in das übrige Österreich. Auch die Sprache zeigt die Verwandtschaft: Die Vorarlberger sprechen alemannischen Dialekt.

Ungefähr zwei Drittel der Bevölkerung leben im Rheintal. Nach Wien und dem Wiener Umland ist Vorarlberg das am stärksten industrialisierte Bundesland. Trotzdem haben viele Berufstätige ihren Arbeitsplatz in der Schweiz: Die Löhne dort sind höher.

Vorarlberg, ein klassisches Urlaubsland, hat vieles zu bieten: südländische Atmosphäre am Bodensee und im Rheintal, waldreiche Mittelgebirge und über 3000 m hohe Berge an der Schweizer Grenze.

Vorarlbergs Hauptstadt Bregenz liegt direkt am Bodensee. Eine besondere Attraktion sind die Bregenzer Festspiele und die alljährliche Opernaufführung auf der Bühne im See.

Skigeschichte

Das Arlbergmassiv hat dem Land „vor dem Arlberg" seinen Namen gegeben. Dort wurde 1890, nahe der Grenze zu Tirol, der Skipionier Hannes Schneider geboren. Als erster Skilehrer Österreichs entwickelte er die „Arlberg-Technik", die Grundlage des modernen Skilaufs. Die Profis und Amateure von heute können über die damals übliche Kleidung und Fahrtechnik allerdings nur lächeln.

Die ersten Skibretter waren natürlich aus Holz und reine Handarbeit! Wer damit ins Tal sausen wollte, musste vor allem viel Mut beweisen. Um die Skier einzufetten, wurden früher gesalzene Heringe benutzt. Und die erste Sprungschanze war angeblich ein sechs Meter hoher Misthaufen!

Weibliche Skifahrer waren Anfang der 30er-Jahre noch selten.

2 Skifahren ist nur eine von vielen Wintersportarten. Nennen Sie einige andere!

3 Was würden Sie am liebsten im Winterurlaub in den Bergen machen?

Alle kennen Tirol

Nach dem Ersten Weltkrieg musste Österreich Südtirol an Italien abtreten. Seitdem besteht das Bundesland Tirol aus zwei Teilen, die durch hohe Berge voneinander getrennt sind. Das kleinere Osttirol hat deshalb eine engere Bindung an das Nachbarland Kärnten.

Tirol ist eines der beliebtesten Reiseziele in Europa. Keine andere Region in Österreich hat so viele Fremdenbetten, so viele Skilifte und Skipisten (ein Prozent der Landesfläche) und so viele Wanderwege in den Bergen (3500 km).

Die Brennerstraße durch Tirol ist seit der Römerzeit eine der wichtigsten Strecken über die Alpen. Der Transitverkehr bringt dem Land Profit, aber auch Lärm und Abgase. Umweltschützer wollen deshalb, dass ein Tunnel unter ganz Tirol gebaut wird. Diese ziemlich radikale Lösung wäre aber sehr teuer.

In der Altstadt von Innsbruck bewundern Touristen die prachtvollen Häuser und u. a. das Goldene Dachl. Die Landeshauptstadt war zweimal Schauplatz der Olympischen Winterspiele.

Der Mann im Eis

1991 wurde im Ötztal in Tirol genau an der Grenze zu Italien eine Gletschermumie entdeckt. Alter: 5300 Jahre! Nationalität: Österreicher oder Italiener? Inzwischen ist „Ötzi" im Museum von Bozen in Südtirol (Italien).

Die Brennerautobahn mit der 190 Meter hohen und 820 Meter langen Europabrücke gilt als technische Meisterleistung.

Wer war Andreas Hofer?

Plätze und Straßen tragen seinen Namen, Denkmäler und Ausstellungen erinnern an ihn: Andreas Hofer. Er ist der große Volksheld der Tiroler. Als Anführer der Freiheitskämpfer besiegte er 1809 am Berg Isel die Bayern und Franzosen und wurde für kurze Zeit Regent von Tirol. 1810 wurde er durch Verrat gefangen genommen und auf Befehl Napoleons erschossen. In der Hofkirche in Innsbruck ist er begraben.

4 Hat Ihr Land auch so einen nationalen (oder regionalen) Volkshelden? Berichten Sie!

5 Wie finden Sie die Idee, Tirol zu untertunneln? Machen Sie Vorschläge, wie man das Transitproblem anders lösen könnte!

81

Salzburg und Kärnten

1 Die beiden Bundesländer haben auf den ersten (geografischen) Blick etwas gemeinsam. Was ist es? Ein zweiter, genauer Blick auf die Karte auf Seite 7 wird Ihnen helfen!

Das Land Salzburg

Salzburg ist nicht nur die Stadt, auch das Bundesland heißt so. Stadt und Land haben den Namen von den vielen Salzlagern, die jahrhundertelang Macht und Reichtum der Region sicherten. Der Abbau des „weißen Goldes" ist heute noch von wirtschaftlicher Bedeutung. Das Salzburger Land lebt aber auch von Landwirtschaft und Energiegewinnung (vor allem durch Wasserkraft) und natürlich vom Fremdenverkehr.

In der Europa-Sportregion um den Zeller See ist das Freizeitangebot für Sommer- und Winterurlauber riesig. Wer im Salzburger Land Ferien macht, kann auch den höchsten Berg Österreichs „bezwingen", ohne besonders sportlich zu sein. Auf den Großglockner (3798 m) führt eine Straße!

In Hallein kann man eines der großen Salzbergwerke Österreichs besichtigen und sogar eine Bootsfahrt auf dem unterirdischen Salzsee machen.

2 Welche Freizeit- und Sportaktivitäten gehören zum Angebot der Salzburger Ferienregionen?

Die Mozartstadt

Fast ein Drittel der Einwohner des Landes Salzburg lebt in der Hauptstadt Salzburg. Im Sommer ist die Stadt von Touristen überfüllt und alle besuchen zuerst das berühmteste Haus in der Altstadt. In der Getreidegasse 9 wurde 1756 Wolfgang Amadeus Mozart geboren. Der Komponist, der seine letzten zehn Lebensjahre in Wien verbrachte und von Salzburg nichts mehr wissen wollte, ist für die Stadt eine wahre Goldgrube. Mozart-Wochen, Mozart-Ausstellungen, die Festspiele, Mozartkugeln, Mozart-Kitsch und Souvenirs verkaufen sich gut.

Was Mozart wohl dazu sagen würde? Auch die kugelrunden Pralinen – aus Nougatschokolade mit einem Kern aus Marzipan – tragen seinen Namen!

3 Was wissen Sie über das Leben und Werk des Musikers und Komponisten Mozart? Tragen Sie alle Informationen zusammen und schreiben Sie ein kurzes Porträt!

Die Altstadt von Salzburg mit ihren mittelalterlichen Gassen und den barocken Kirchenplätzen gehört zu den besonders geschützten UNESCO-Objekten.

Land der Seen

Kärnten ist Österreichs südlichstes Bundesland und rundum von Bergen umgeben. In Kärnten gibt es besonders viele Seen, mehr als 1200. Für das „trinkbare", also sehr saubere Wasser in den etwa 200 Badeseen bekam das Land den Europäischen Umweltpreis. Wegen der geografischen Lage und des milden Klimas nennt man Kärnten auch den „Südbalkon der Alpen": Auch von den Bewohnern sagt man, dass sie eine mediterrane, weltoffene Lebensart haben.

Die slowenische Minderheit im Süden des Landes wünscht sich allerdings mehr Toleranz vonseiten der deutschsprachigen Bevölkerung. Zwischen den Volksgruppen gibt es immer wieder Konflikte.

Der Wörthersee ist Kärntens größter Badesee und ein beliebtes Urlaubsgebiet und Wassersportzentrum. Im Sommer wird das Wasser bis zu 28°C warm.

4 Welche Seen in Kärnten sind keine Badeseen? Was vermuten Sie?

Zwei Autoren aus Kärnten

Ingeborg Bachmann (1926–1973) ist in Klagenfurt geboren. Sie hat Gedichte, Erzählungen und Hörspiele geschrieben. Der höchste Preis, der auf dem Literatur-Wettbewerb in ihrer Heimatstadt vergeben wird, trägt ihren Namen.

Peter Handke, 1942 geboren, kommt aus einer Kleinbauernfamilie aus Kärnten und schreibt Dramen, Romane und auch Filmbücher wie z. B. das Drehbuch zu Wim Wenders Film *Der Himmel über Berlin*. In dem Buch *Wunschloses Unglück* beschreibt Handke das arbeitsreiche, unfreie und meistens freudlose Leben seiner Mutter.

Ingeborg Bachmann

Peter Handke

Treffpunkt der Literatur

Klagenfurt ist Kärntens Hauptstadt und touristischer Ausgangspunkt für Ausflüge nach Slowenien und Italien.

Einmal im Jahr ist Klagenfurt auch Schauplatz einer wichtigen literarischen Veranstaltung: Seit 1977 findet dort ein Wettbewerb für erzählende Prosa statt. Nicht alle Schriftsteller folgen der Einladung nach Klagenfurt, denn die Prozedur ist hart. Die Texte werden dem Publikum vorgelesen und die Autoren müssen sich eine öffentliche Sofortkritik gefallen lassen. Aber die Preise und Stipendien sind vor allem für jüngere, noch nicht so bekannte Schriftsteller eine große „Starthilfe".

5 Kennen Sie andere Schriftsteller aus Österreich? Oder Maler, Musiker, Schauspieler …? Sammeln Sie Informationen im Kurs!

Steiermark und Burgenland

1 An welche Nachbarländer Österreichs grenzen die Bundesländer Steiermark und Burgenland?

Die grüne Mark

Die Steiermark im Südosten Österreichs ist das zweitgrößte Bundesland der Alpenrepublik. Die Hauptstadt Graz ist das kulturelle und wirtschaftliche Zentrum und profitiert von der Öffnung der Grenzen im Osten.

Größter Arbeitgeber im Land ist die Industrie. Die „eherne" (ehern = eisern) Mark ist ein Bergbauland. Auch ein Großteil der österreichischen Holz- und Papierstoffe wird hier produziert. In den abgelegenen Bergdörfern gibt es immer weniger Arbeitsmöglichkeiten. Oft bleiben dort nur die Alten zurück.

Die Steiermark ist ein grünes Land – mehr als siebzig Prozent sind mit Wald bedeckt – mit ganz verschiedenen Landschaftsformen. Auf den Gletschern im Nordwesten kann man sogar im Sommer Ski laufen. Auch im hügeligen Weinland im Süden der Steiermark macht man gerne Ferien.

In der Steiermark, in Piber, werden heute noch die schönen Lipizzanerpferde gezüchtet. Die besten Tiere werden in der Hofburg in Wien für die klassische Reitkunst ausgebildet.

Der Steireranzug war ursprünglich die Berufskleidung der Gämsenjäger in der Steiermark. Traditionalisten tragen den Steireranzug heute auch anstelle des normalen Straßenanzugs im Alltag.

Der Waldbauernbub

Peter Rosegger war der Sohn eines armen Bergbauern. Er hat den größten Teil seines Lebens (1843–1918) in der Obersteiermark verbracht. Mit seinen Erzählungen vom einfachen Leben der Bauern wurde er bald ein beliebter Volksschriftsteller. *Als ich noch ein Waldbauernbub war* heißt sein bekanntestes Buch. In seinem liebevoll restaurierten Geburtshaus fühlt sich der Besucher in die Atmosphäre seiner Geschichten zurückversetzt.

2 Peter Rosegger hat nie eine reguläre Schule besucht. Er war Autodidakt. Erklären Sie, was dieses Fremdwort bedeutet!

Grenzland im Osten

Das Burgenland war bis in die Gegenwart hart umkämpftes Grenzland. Die vielen Burgen und Festungen sollten vor den Angriffen der Völker aus dem Osten schützen. Erst 1921 kam das Burgenland als deutschsprachiges Gebiet Westungarns zu Österreich.

Im Norden beginnt die ebene Puszta-Landschaft, die bis weit nach Ungarn reicht. Im Süden ist das Land hügelig und waldreich. In dem warmen Klima wachsen gute Weine und „exotische" Gemüse- und Obstsorten wie Auberginen, Paprika und Feigen.

Von der Landwirtschaft können die Burgenländer aber nicht leben. Bis in die 50er-Jahre mussten viele Bewohner der Region auswandern, vor allem in die USA und nach Kanada. Heute „wandern" viele arbeitsfähige Männer nach Wien und sind nur am Wochenende zu Hause bei ihren Familien.

3 Seit wann gehört das Burgenland zu Österreich?

Der Neusiedler See im Burgenland ist einmalig in Mitteleuropa. Er ist nur ein bis zwei Meter tief und bietet Lebensraum für viele geschützte Vogelarten und Wasserpflanzen.

Im 17. und 18. Jahrhundert, zur Zeit der Fürsten Esterházy, war Eisenstadt das geistige und kulturelle Zentrum Westungarns. Es ist jetzt die kleinste Landeshauptstadt Österreichs.

Joseph Haydn

Fast 30 Jahre lang war der Komponist Joseph Haydn (1732–1809) Kapellmeister am Hof der Fürsten Esterházy in Eisenstadt. Richtig bekannt wurde der einstige Wiener Sängerknabe erst ziemlich spät. Auf seinen Konzertreisen nach London 1790 und 1794 wurde er begeistert gefeiert. Sein wohl bekanntestes Werk ist das Oratorium *Die Schöpfung*. Auch die Melodie der deutschen Nationalhymne stammt von Haydn.

4 Wissen Sie, wer die Melodie der Nationalhymne Ihres Landes komponiert hat?

85

Schweiz aktuell

1 Das Bild, das Ausländer von der Schweiz haben, ist oft von Klischees bestimmt. Welche könnten das sein?

2 Mit welchen anderen Staaten hat die Schweiz gemeinsame Grenzen?

Mitten in Europa

Die Schweiz liegt mitten in Europa, aber sie unterscheidet sich sehr von ihren Nachbarn. Die Schweiz ist ein Land der Vielfalt und der Gegensätze. In der Natur wechseln Berge – gut die Hälfte des Landes liegt über 1000 m hoch – und Täler, Hügel und Ebenen. Nur ca. fünf Prozent der gesamten Fläche der Schweiz sind bewohnt. Auch die Kultur und die Mentalität der Menschen in den einzelnen Regionen sind sehr unterschiedlich.

Eigentlich ist die Schweiz gar kein „normaler" Nationalstaat. In dem roten Pass mit dem weißen Kreuz steht „Schweizerische Eidgenossenschaft" (auf Lateinisch: Confoederatio Helvetica). Die Konföderation besteht aus 23 Kantonen und 3 Halbkantonen, die alle ein eigenes Parlament und sehr viele Rechte haben. Die meisten Schweizer fühlen sich in erster Linie ihrem Kanton und ihrer Heimatgemeinde zugehörig.

Das Matterhorn lockt mit 4477m Bergsteiger aus aller Welt an.

3 In der Schweiz sagt man zu der Hauptstadt „Bundesstadt". Wie heißt sie? Liegt sie im deutsch- oder im französischsprachigen Teil des Landes?

Mehrsprachige Schweiz

Offiziell hat die Schweiz vier Landessprachen, aber dazu kommen zahlreiche Dialekte. In der deutschsprachigen Schweiz wird Hochdeutsch fast nur als Schriftsprache gebraucht. Gesprochen wird Schwyzerdütsch.

Die Bewohner der Westschweiz sprechen zwar Französisch, aber etwas anders als in Paris. Einige französische Wörter gehören auch zum festen Wortschatz der Deutschschweizer.

Das Tessin südlich der Alpen ist der italienische Kanton der Schweiz; Landessprache, Landschaft und Lebensweise bezeugen dies.

In Teilen des Kantons Graubünden wird die vierte Nationalsprache der Schweiz gesprochen: Rätoromanisch. Weniger als ein Prozent der Schweizer benutzen heute noch diese seltene Sprache. Sie entstand aus einer Vermischung des Lateins der Römer mit der Sprache der einheimischen Helveter.

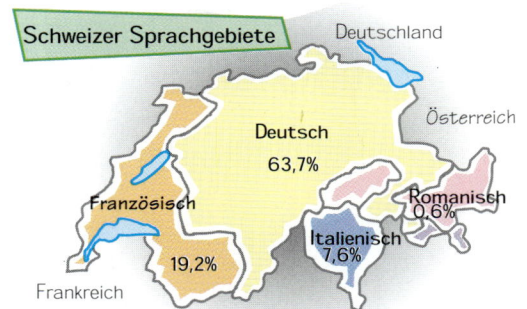

Schweizer Sprachgebiete · Deutschland · Österreich · Deutsch 63,7% · Französisch 19,2% · Romanisch 0,6% · Italienisch 7,6% · Frankreich

Die kulturellen und sprachlichen Unterschiede schaffen Grenzen innerhalb des Landes. Sie bieten aber auch die Chance zum Austausch.

4 Wörter wie *Coiffeur*, *Apéro* oder *merci vielmal* gehören zur Alltagssprache der Deutschschweizer. Übersetzen Sie – mit Hilfe eines Wörterbuchs – ins Deutsche!

Land der Tunnel

🎧 Unter den Schweizer Bergen laufen ungefähr 380 Tunnel für die Bahn und ebenso viele für Autostraßen. Die genaue Zahl der „geheimen" Tunnel ist nicht bekannt: sie gehören zu den vielen unterirdischen Festungen und Schutzanlagen des Militärs.

Wege über die Berge gab und gibt es immer, aber die ersten Tunnel durch die Berge bauten Pioniere Ende des 19. Jahrhunderts. Der ca. 15 km lange Eisenbahntunnel unter dem Gotthard war 1882 fertig. Der Bau dauerte zehn Jahre. Noch heute fahren hier rund 250 Züge täglich durch.

Auch das Wasser der Stauseen in den Bergen läuft durch Tunnel. 59 Prozent der Elektrizität in der Schweiz werden aus Wasserkraft gewonnen. Das Land ist durchlöchert wie ein Schweizer Käse!

Markenzeichen CH

Die Schweiz ist ein Kleinstaat und hat kaum Rohstoffe, aber ihre Wirtschaft ist industriell hoch entwickelt und sehr effektiv. Spezialitäten aus Schweizer Produktion sind nicht nur Schokolade und Uhren, sondern Pharmazeutika, Spezialmaschinen aller Art und Dienstleistungen im Finanzbereich.

Die Herstellung von Uhren hat – wie auch die von Schokolade – ihren Ursprung in der französischsprachigen Schweiz. Die Uhrenindustrie entwickelte sich im 19. Jahrhundert zu einem wichtigen Wirtschaftszweig. Schweizer Uhren sind für ihre Technik und ihr Design in aller Welt berühmt. Im Angebot sind Luxusuhren wie die von *Rolex* und *Piaget* oder preiswerte *Swatch*-Uhren (*Swiss Watch*). Die Uhrenindustrie verkauft einen Großteil ihrer Produktion ins Ausland.

5 Welche Schweizer Uhrenfirma sponserte 1999 den ersten Rundflug um die Welt im Heissluftballon? **a)** *Rolex*, **b)** *Breitling*, **c)** *Swatch*?

Das Schweizer Offiziersmesser ist weltberühmt. Aus dem ersten Typ des Jahres 1891 haben sich bis heute ca. 350 Varianten entwickelt – für Pfadfinder, Raumfahrer, Golfspieler, Inline-Skater, Damenhandtaschen…

Schokoladenkonsum pro Kopf und Jahr weltweit:
Nr. 1   die **Schweizer** mit   10,18 Kilo
Nr. 2   die **Deutschen** mit   10,12 Kilo
Nr. 3   die **Österreicher** mit   9,52 Kilo
Jahresverbrauch

6 Welche Schweizer Produkte sind in Ihrem Land bekannt (und zu kaufen)?

„Historische" Uhren wie am Zytgloggeturm in Bern sind in der Schweiz verbreitet.

Von Schwyz zur Schweiz

1 Die Schweizer sind Eidgenossen. Was bedeutet das Wort eigentlich?

Die Eidgenossen

Bis heute findet man in den Kantonen der frühen Eidgenossenschaft Traditionen der Gründungszeit wie z. B. die öffentlichen Wahlversammlungen unter freiem Himmel.

Die Schweizerische Eidgenossenschaft ist über 700 Jahre alt. Im Jahre 1291 schlossen sich die drei Waldgemeinden Uri, Schwyz und Unterwalden zum „ewigen Bund" zusammen. Sie sind die Urkantone; das Wort Schweiz kommt von Schwyz. Mitte des 14. Jahrhunderts wurden auch Luzern, Zürich, Glarus, Zug und Bern Mitglieder des Bundes. Die „acht alten Orte" bildeten die Keimzelle des späteren Einheitsstaates.

Im Laufe der Jahrhunderte bekamen die kleinen Staaten der Eidgenossenschaft immer mehr Unabhängigkeit. Erst 1848 wurde die Schweiz ein einheitlicher Staat mit einer Bundesverfassung und einem vom Volk gewählten Parlament.

2 Wie verliefen die liberalen Revolutionen in Deutschland und Österreich? Lesen Sie noch mal Seite 36!

Wilhelm Tell

Nicht ein Schweizer, sondern ein Deutscher hat das „Nationalstück" der Schweizer geschrieben: den *Wilhelm Tell* (1804). Friedrich Schiller hat die Figuren in seinem Drama erfunden oder aus alten Geschichten übernommen. Die Legende: Die fremden Herrscher zwingen Tell einen Apfel vom Kopf seines Sohnes zu schießen. Tell ermordet Gessler, den verhassten Habsburger, und gibt das Signal zum Befreiungskampf.

Auch die berühmte Szene auf der „Rütliwiese" ist nicht wirklich so passiert. In Schillers Drama treffen sich dort die Landleute der Urkantone, um den Eid des neuen Bundes zu schwören:

> Wir wollen sein ein einzig Volk von Brüdern,
> In keiner Not uns trennen und Gefahr.
> Wir wollen frei sein, wie die Väter waren,
> eher den Tod, als in der Knechtschaft leben.
> Wir wollen trauen auf den höchsten Gott
> Und uns nicht fürchten vor der Macht der Menschen.

Ort der Wilhelm-Tell-Legende ist die Gegend um den Vierwaldstätter See in der Zentralschweiz.

3 Gibt es in Ihrem Land einen Nationalhelden oder -heldin? Ist das Wahrheit oder nur Legende?

Neutral, aber bewaffnet

Die Schweiz ist zwar neutral, aber bewaffnet. Ein Schweizer Bürger ist von seinem 20. bis zum 50. Lebensjahr Soldat und muss jedes Jahr an Übungen teilnehmen. Die persönliche Ausrüstung – Schutzmaske, Munition und Sturmgewehr – nimmt er danach mit nach Hause!

Die neutrale, defensive Position der Schweiz hat ihre Anfänge bereits im 17. Jahrhundert. Mit dem Wiener Kongress (1815) wurde sie völkerrechtlich akzeptiert.

Die Schweiz hat sich an den beiden Weltkriegen nicht beteiligt. Im Zweiten Weltkrieg war sie zusammen mit Schweden das einzige neutrale Land in Europa.

In der neutralen Schweiz haben immer schon politische Flüchtlinge aus anderen Ländern Asyl gefunden. Garibaldi, Lenin, Rosa Luxemburg und viele andere konnten hier eine Zeit lang leben und arbeiten.

4 Wer war Rosa Luxemburg? Schlagen Sie auf Seite 37 nach!

Die Berge rufen

Schon im 18. Jahrhundert kamen die ersten Touristen in die Schweiz. Sie begeisterten sich für die Naturschönheiten und das freie, einfache Leben der Bauern und Hirten. Vor allem englische Alpinisten bestiegen die Gipfel der Berge. Ebenfalls ein Engländer, Thomas Cook, veranstaltete 1863 die erste Rundreise durch die Schweiz. Um die Jahrhundertwende war die Schweiz weltweit das beliebteste Reiseland.

5 Heute ist die Schweiz nicht mehr die Nummer 1 im Welttourismus. Welche Gründe könnte das haben?

Die Schweizergarde

Zwischen dem 15. und dem 19. Jahrhundert traten Hunderttausende Schweizer in den Militärdienst fremder Herrscher. Sie wurden „Reisläufer" genannt und kamen vor allem aus den armen Gebirgskantonen. Von diesen Schweizergarden existiert heute nur noch der weltbekannte Wachdienst des Papstes im Vatikan.

Der Glacier-Express braucht – wie in der guten, alten Zeit – für die Fahrt von St. Moritz nach Zermatt über sieben Stunden.

6 Wie viele Kilometer lang ist ungefähr die Strecke, die der *Glacier-Express* befährt?

7 St. Moritz: Was wissen Sie über diesen Schweizer Gebirgsort?

Die großen Städte

1 Wie viele Leute leben in den fünf Städten Zürich, Basel, Genf, Bern und Lausanne: **a)** 20% der Bevölkerung, **b)** ein Drittel, **c)** die Hälfte?

Die Bundesstadt

Bern ist seit 1848 der Regierungssitz der Schweiz. Bern ist Bundesstadt, nicht Hauptstadt. Denn das „Prinzip Schweiz" basiert darauf kein Haupt zu haben, sondern viele Köpfe. Die Schweizer Regierung ist der sieben-köpfige Bundesrat; der Bundespräsident wird jährlich ausgetauscht.

In früherer Zeit war Bern das Zentrum eines großen Herrschaftsgebiets, das ungefähr die vier heutigen Kantone Bern, Waadt und Aargau umfasste. Der heutige Kanton Bern liegt nur noch auf der deutschen Seite der Sprachgrenze. Der Nachbarkanton Jura ist ganz „jung". Er wurde erst 1979 von Bern abgetrennt.

Blick auf Zürich, den Zürcher See und die Limmat

Geld und Gold

Zürich ist mit rund 350 000 Einwohnern die größte Stadt der Schweiz. Sie ist eine Stadt der Finanzen, das Zentrum der Banken und Versicherungen. Das berühmte Bankgeheimnis hat Mächtige und Prominente aus aller Welt dazu gebracht, ihr nicht immer „sauberes" Geld in der Schweiz zu deponieren.

Die Limmatstadt ist aber auch ein kulturelles Zentrum. Das Zürcher Schauspielhaus hat seit den 30er-Jahren, als viele Theaterleute aus Deutschland emigrieren mussten, einen internationalen Ruf. In Zürich kann man über 20 Museen besuchen und die Eidgenössische Technische Hochschule (ETH) bildet Wissenschaftler von Weltrang aus.

Das Bundeshaus in Bern ist der Sitz der Landesväter.

„Züri brännt"

Das war der Slogan der rebellischen Schweizer Jugendlichen Anfang der 80er-Jahre in Zürich. Auch in Lausanne („Lausanne bouge") galt ihr Protest der geordneten, (selbst)zufriedenen Schweiz.

Das Tor zur Welt

🎧 Das Schweizer Tor zur Welt: So wird die Stadt Basel genannt, denn sie liegt am Dreiländereck Frankreich-Deutschland-Schweiz. Basel hat auch drei Bahnhöfe, einen französischen, einen deutschen, einen Schweizer. Und weil die Stadt zu wenig Platz hat, liegt der Flughafen sogar auf französischem Gebiet. Basel besitzt auch einen bedeutenden Hafen und die Schweiz – unter den Ländern ohne Meeresküste – die größte Hochseeflotte.

Kein Wunder, dass mehrere weltweit tätige Konzerne hier ihren Sitz haben. Der wichtigste Industriezweig ist die Chemie: Fast ein Drittel aller Beschäftigten der Region arbeitet in dieser Branche. Etwa die Hälfte der chemischen Produktion entfällt auf die Herstellung von Medikamenten.

Basel ist seit 1460 Universitätsstadt und heute mit über 6000 Studenten eine junge, lebendige Stadt.

2 Wie kommen die Schiffe von Basel zum Meer?

3 Wie heißt die Fasnacht im Rheinland? Wie wird dort gefeiert? Auf Seite 17 finden Sie etwas zum Thema!

Basler Fasnacht

Die Basler Fasnacht ist eine besondere kulturelle Attraktion. Sie beginnt am Montag nach Aschermittwoch. Um vier Uhr morgens sind die Leute schon auf den Beinen. Man hört dann überall das Signal zum Losmarschieren, den *Morgestraich*. Alle Lichter gehen aus, man sieht nur noch die Fasnachtslaternen und die fantastischen Masken und Kostüme. Dazu das Trommeln und Pfeifen: das ist irgendwie unheimlich und gleichzeitig wunderschön.

Die Weltstadt

Genf (oder Genève) ist nicht nur – neben Lausanne – das Zentrum der französischen Schweiz, sondern auch so etwas wie die kleinste Weltstadt. Wichtige UNO-Einrichtungen wie die Weltgesundheitsorganisation (WHO) sind hier zu Hause. Übrigens ist die neutrale Schweiz selbst kein Mitglied der UNO, nur in Unterorganisationen ist sie vertreten. In Genf gibt es 118 Botschaften (mehr als in Bern) und über 200 internationale Organisationen wie das Internationale Rote Kreuz.

Im 16. Jahrhundert machte der Reformator Jean Calvin aus Genf das Zentrum des Weltprotestantismus. Und hier entwickelte sich zu dieser Zeit auch das schweizerische Uhrenhandwerk.

Das rote Kreuz

Rotes Kreuz auf weißem Grund: Das Schweizer Kreuz in gewechselten Farben ist ein internationales Schutzzeichen geworden. 1864 wurde diese Hilfsorganisation von dem Schweizer Henri Dunant gegründet. Er bekam dafür 1901 den Friedensnobelpreis.

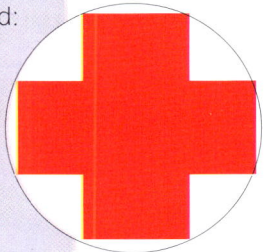

4 Ist die Mehrheit der Schweizer heute protestantisch oder katholisch? Die Angaben finden Sie auf Seite 16!

5 Welche internationale Organisation hat ihren Sitz in Lausanne?

Schöne Landschaften

1 Angeblich gibt es über 50 Regionen in der Welt, die die Schweiz als Teil ihres Namens führen wie in Deutschland die *Sächsische Schweiz* oder die *Fränkische Schweiz*. Was ist wohl typisch für diese Landschaften/Regionen?

2 Gibt es in Ihrem Land auch eine „Schweiz"?

Das Berner Oberland

Das Berner Oberland im südlichen Teil des Kantons Bern ist ein Zentrum des Alpentourismus. Interlaken ist der älteste Fremdenverkehrsort des Landes.

Im Kanton Bern sind noch viele alte bäurische Traditionen lebendig. Eine besondere Attraktion auf den zahlreichen Volksfesten sind die archaischen Sportdisziplinen (z. B. das „Schwingen", eine Art Ringkampf, oder das „Steinstoßen").

Im Beiprogramm treten außerdem Fahnenschwinger, Alphornbläser und Jodler auf. An vielen Orten ist auch der Almauftrieb der Kühe im Frühjahr und der Abtrieb im Herbst ein Volksfest. Dann werden die alten Trachten getragen und die Kühe festlich geschmückt.

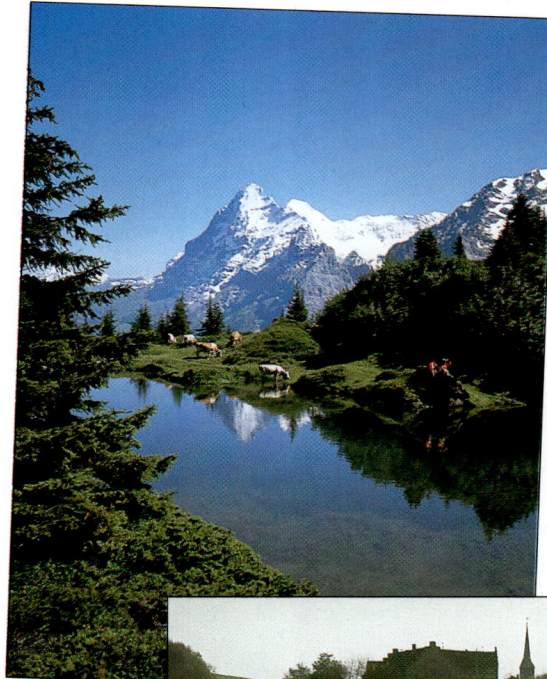

Die drei Berggipfel von Eiger (3970 m), Mönch (4099 m) und Jungfrau (4158 m) bieten mit ihren Gletschern gute Wintersportmöglichkeiten das ganze Jahr. Der Aletschgletscher über dem Jungfraujoch ist der größte Gletscher Europas.

3 Aus welchem Land kamen die ersten Alpinisten in die Schweiz?

An Rhein und Bodensee

Die beiden Kantone Schaffhausen und Thurgau werden landschaftlich weniger durch die Berge als durch ihre Lage am Wasser geprägt. Das flache Land ist ideal zum Wandern und Radfahren und der Bodensee ist ein beliebtes Reise- und Ausflugsziel. In den Gasthäusern kann man Fischspezialitäten essen; Obst- und Weinbau bestimmen hier die Landwirtschaft.

Die Landwirtschaft wird vom Staat finanziell unterstützt. Allen Schweizern ist klar, dass die Bauern nicht nur Lebensmittel produzieren. Sie pflegen auch die Landschaft und schützen die Natur und sorgen so dafür, dass die Grundlage des Tourismus erhalten bleibt.

Der Rhein ändert auf seinem langen Weg oft den Charakter. Der Rheinfall bei Schaffhausen ist Mitteleuropas mächtigster Wasserfall.

4 Verfolgen Sie auf der Karte auf Seite 7 den Weg des Flusses Rhein! In welchem Schweizer Kanton entsteht er? Wo mündet er in die Nordsee?

Käse und mehr

Die Ostschweiz bietet Vielfalt in Bezug auf die Landschaft und die Geschichte. Der Kanton St. Gallen entstand 1803 unter Druck Napoleons aus zwölf Kleinstaaten.

Mitten im Kanton St. Gallen liegt der Kanton Appenzell. Wie die St. Gallener sagen: „als Kuhdreck in einer grünen Wiese", oder wie die Appenzeller sagen: „als blitzblankes Fünffrankenstück in einem Kuhdreck". Und der Kanton Appenzell ist noch einmal geteilt in zwei Halbkantone, einen katholischen und einen protestantischen. Auch hier fühlt sich jeder Halbkanton dem anderen überlegen. Im katholischen Teil haben die Frauen übrigens erst seit 1991 Stimmrecht. Für die Gesamtschweiz, den Bund, existiert das Frauenwahlrecht „schon" seit 1971. Aber erst 1984 wurde erstmals eine Frau Bundesrat, also Regierungsmitglied.

Appenzell ist eine der bekanntesten Käseregionen der Schweiz. Über drei Viertel der von Schweizer Kühen produzierten Milch wird zu Käse verarbeitet.

5 Wie sind die Beziehungen zwischen den Kantonen St. Gallen und Appenzell?

6 Seit wann dürfen in Ihrem Land Frauen wählen (und gewählt werden)?

7 Kennen Sie andere Käsesorten aus der Schweiz?

Alpen-Kleinstaat

Das kleine Fürstentum Liechtenstein mit seiner Hauptstadt Vaduz zwischen der Schweiz und Österreich existiert seit 1719. Seit 1924 gilt in Liechtenstein die Schweizer Währung und das Land steht unter Schweizer Militärschutz.

Amtssprache ist Deutsch, aber die Einheimischen sprechen genauso wie die Deutschschweizer alemannischen Dialekt. Von den rund 27 000 Einwohnern des Kleinstaates sind fast 10 000 Ausländer, vor allem Deutsche, Österreicher und Schweizer, die Liechtenstein als Steuerparadies nutzen.

Im Heidiland

Graubünden ist der Kanton der 150 Täler und auch eine beliebte Ferienregion. In einzelnen Tälern wird Italienisch gesprochen, in anderen ist das Rätoromanische die Sprache der Einheimischen. Die gebirgige Landschaft war und ist Rückzugsgebiet für seltene Pflanzen, Tiere und Menschen.

Der Kontrast zwischen dem einsamen Leben in den Bergen und der städtischen Zivilisation ist ein wichtiges Motiv in der Geschichte von *Heidi*, weltbekannter Mädchengestalt des Bestsellers der Kinderliteratur von Johanna Spyri.

Die Heidi-Geschichte spielt rund um Maienfeld in Graubünden.

Länder und Leute

1 Haben Sie den Überblick?

Ergänzen Sie die Namen wichtiger Orte und Landschaften! Ein Blick auf die Seite 7 kann Ihnen helfen.

1 Hauptstadt von Österreich
2 Bundesstadt der Schweiz
3 Hauptstadt von Deutschland
4 Geburtsstadt von Mozart
5 Stadt des Geldes in der Schweiz
6 Kultur- und Filmstadt im Süden von Deutschland
7 Fluss in der Schweiz und in Deutschland
8 Fluss in Deutschland und Österreich
9 Fluss in Deutschland, verbindet Dresden und Hamburg
10 Meer im Norden von Deutschland
11 See zwischen Österreich, der Schweiz und Deutschland
12 Gebirge in Österreich, der Schweiz und Deutschland

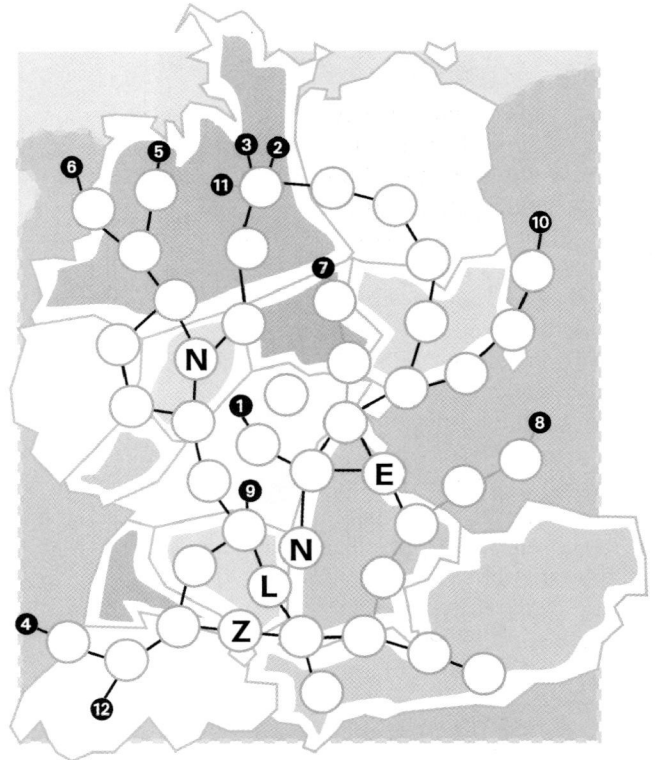

Achtung: Im Kreuzworträtsel gibt es keine Umlaute! Man schreibt Ü als UE.

2 Ergänzen Sie!

Sie hören den Beginn der Sendung *Dreiländereck*. Der Moderator stellt drei Gäste vor. Er befragt sie über ihren Wohnort und über ihre europäischen Nachbarn.

Name	Frau Keller	Herr Schmidt	Frau Geiger
Ort/Stadt (Altdorf, Manzell, Wien)			
Land (Deutschland, Österreich, Schweiz)			
Beruf (Fotografin, Hotelier, Obstbauer)			
Interesse an Europa (groß, gering)			
Reisen in Europa (nie, manchmal, oft)			

3 Machen Sie Sätze!

Verbinden Sie die Angaben aus Übung 2 zu Sätzen.
Beispiel:
Frau Keller kommt aus Altdorf. Altdorf ist eine Stadt in der Schweiz. Frau Keller ist Hotelier und ihr Interesse für Europa ist groß. Sie selbst reist manchmal in andere Länder.
Herr Schmidt...
Frau Geiger...
Ich...

4 Ergänzen Sie!

Sie möchten Urlaub machen. Suchen Sie sich ein Ziel in Deutschland, Österreich oder in der Schweiz.

Was brauchen Sie? Was möchten Sie wissen? Tragen Sie Ihre Wünsche in die Checkliste ein.

Checkliste: Urlaub		
Ort		im Schwarzwald, in Genf, an der Donau, …
Zeitraum		im August, für vierzehn Tage, übers Wochenende, ein paar Tage, am liebsten für immer, …
Personenzahl		allein, zu zweit, zu dritt, zu viert, …
Komfort		Luxushotel, Jugendherberge, Appartement, Ferienhaus, …
Zimmer		Einzelzimmer, Doppelzimmer, mit Dusche, mit Bad, …
Verpflegung		Frühstück, Halbpension, Vollpension
Sport		Wandern, Schwimmen, Tennis, Skifahren, …
Kultur		Kino, Disko, Museum, …

5 Schreiben Sie einen Brief!

Schreiben Sie an die Touristeninformation des Ortes einen Brief oder eine E-Mail.

20. Juli 1999
Katharina Ludwig
Gersthoferstr. 21
A–1180 WIEN

Sehr geehrte Damen und Herren,
ich möchte im Februar für zwei Wochen in Köln Urlaub machen. Ich suche ein Doppelzimmer mit Dusche und WC in einem preiswerten Hotel. Auch das Frühstück möchten wir im Hotel haben.
Können Sie uns ein Programm für Ausstellungen und Theater schicken? Das Hotel soll bitte im Stadtzentrum liegen: Wir möchten abends auch in Restaurants und Kneipen gehen.
Vielen Dank für Ihre Hilfe.

Kathy Ludwig

Wien-Aufenthalt - Message

File   Edit   View   Insert   Format   Tools

Send

Arial   12

Message | Options

To...   info@oevwwien.via.at

Cc...

Subject: Wien-Aufenthalt

Sehr geehrte Damen und Herren
Mein Mann und ich werden vom 19.-23. August in Wien Urlaub machen und sind an einer ruhigen Pension interessiert. Können Sie uns eine empfehlen, die im Zentrum liegt?
Wir möchten außerdem einen Veranstaltungskalender für diese Zeit.
Vielen Dank für Ihre Hilfe.
Mit besten Grüßen
S. Krupa

Wie wohnen die Leute?

1 Was passt zusammen?

1 Für die Deutschen spielen bei der Wohnungssuche folgende Punkte – der Wichtigkeit nach geordnet – eine Rolle:

1 **Miethöhe**
2 **Nähe zum Arbeitsplatz**
3 **Verkehrsberuhigung**
4 **Kinderfreundlichkeit**

Ordnen Sie den folgenden Personen (A–D) das passende Stichwort (1–4) zu.

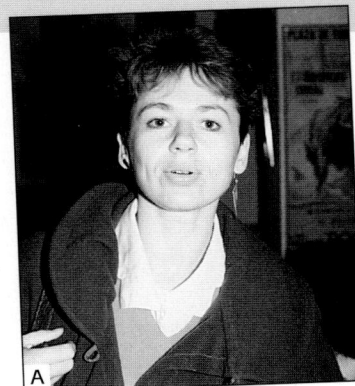

Jutta Christ, Angestellte, 34 Jahre alt: „Die Straße hier ist nicht besonders schön. Doch man gewöhnt sich daran. Dafür bin ich in einer Viertelstunde im Büro. Was ich da an Zeit spare jeden Tag!"

Frau Brand mit Tochter Kerstin, 7 Jahre alt: „Sehen Sie, hier im Wohnblock leben viele Familien mit Kindern. Und die Grünanlagen sind direkt am Haus, es gibt Spielplätze und ein Fußballfeld. Wenn es regnet, treffen sich die Kinder mal hier, mal dort in einer Wohnung."

Jan Hesse, Student, Anfang 20: „Ich verdiene zwar wenig Geld, nur ab und zu durch einen Job. Aber zu Hause bei meinen Eltern, das ging nicht mehr. Ein Zimmer reicht mir. Und die 320, – Mark (€ 163,60) pro Monat kriege ich zusammen."

Familie Kundke, zwei Kinder: „Wir haben zwei Jahre lang dafür gekämpft. Jetzt ist die Straße eine Tempo-30-Zone. Man kann nachts bei offenem Fenster schlafen, und im Sommer wird die Straße ein zweites Wohnzimmer, wo man Nachbarn und Freunde trifft."

2 Verbinden Sie die Satzteile!

Verbinden Sie die Personen mit ihren Wohnkriterien.

1 Frau Christ ist froh,
2 Frau Brand findet es gut,
3 Jan Hesse achtet darauf,
4 Familie Kundke hat dafür gesorgt,

a dass die Kinder Raum zum Spielen haben.
b dass der Autoverkehr eingeschränkt ist.
c dass der Weg zur Arbeit kurz ist.
d dass die Wohnung billig ist.

3 Diskutieren Sie!

Was ist für Sie wichtig, wenn Sie eine Wohnung suchen? Befragen Sie andere in der Gruppe!

4 Lesen Sie die Anzeigen!

Lesen Sie die Wohnungsanzeigen laut. Beachten
Sie dabei die Bedeutung der Abkürzungen:

NK	Nebenkosten
ca.	circa (ungefähr)
inkl.	inklusive (einschließlich)
zzgl.	zuzüglich
WC	Toilette
OG	Obergeschoss (Etage)

1 Kreuzberg, U-Bahn-Nähe, Urbanstraße, 4. OG, 57 m², 1 Zimmer, Kachelofen, große Wohnküche, 443,- DM (€ 226,50) Kaltmiete zzgl. Nebenkosten, provisionspflichtig, Immobilien Schulz, 622 01 82.

2 Kreuzberg, Altbau, Fidicinstr. 83, 1 1/2 Zimmer, ca. 36 m² heller Seitenflügel, 3. OG, Duschbad, Diele, Küche mit Herd und Spüle, Zentralheizung, leicht renovierungsbedürftig, Warmmiete: 580 DM (€ 296,55) inkl. Nebenkosten, 232 82 11.

3 Friedrichshain, Parklage, sehr helle 1½ Zimmer, ca. 45 m², 850 DM (€ 434,60) inkl. NK, provisionsfrei, Einbauküche, Parkett, Balkon, Besichtigung Montag ab 17.00 Uhr, Friedenstraße 71, 4. Etage, Tel: 217 193 54.

4 Friedrichshain, 1 Zimmer, ca. 41 m², modernisierter Altbau, Küche, Dusche, WC, Kabel, 575 DM (€ 293,99), Kaution, Provision, Tel: 504 221 066.

5 Erstbezug in Tiergarten, großzügige 1-Zimmerwohnung, 43 m², 6.OG, moderne Einbauküche, Fliesenbad, Fernheizung, Kabel-TV, Kaltmiete 688,- DM (€ 351,77) keine Provision, Tel: 433 2992.

5 Ergänzen Sie...

... in der Tabelle die Angaben zu den fünf Wohnungen.

Wohnung	Größe in m²	Etage	Mietpreis DM/€	Bad/ Dusche	Heizung	Provision/ Kaution
1	57	4. Etage	443/226,50		Kachelofen	Provision
2						
3			850/434,60			
4			575/293,99			
5			688/351,77			

6 Über welche Wohnung reden sie?

Sie hören das Telefongespräch zwischen einem Interessenten und der
Hausverwaltung. (Sehen Sie sich die Tabelle in Aufgabe 5 an!)

7 Ergänzen Sie!

Setzen Sie das fehlende Adjektiv ein:

einwandfrei – geräumig – regelmäßig – üblich – zusätzlich.

1 Diese Wohnung bietet mir genug Platz, ich finde sie _____.
2 Die Heizung ist vollkommen in Ordnung, sie läuft _____.
3 Das ist nur die Kaltmiete; für Strom und Gas zahle ich _____ 190,- DM
(€ 97,15) im Monat.
4 Jeder bezahlt hier eine Kaution, das ist so _____.
5 Die Miete kommt direkt von meinem Bankkonto, _____ am 29. jeden Monats.

Was soll ich werden?

1 Was passt zusammen?

Die folgenden Begriffe (1–8) bezeichnen verschiedene
Fähigkeiten, die für bestimmte Berufe wichtig sind.

1 körperliche Leistungsfähigkeit
2 Teamfähigkeit
3 Sprachbeherrschung
4 Ideenreichtum
5 rechnerisches Denken
6 räumliches Vorstellungsvermögen
7 Kontaktfähigkeit
8 manuelles Geschick

a Man kann sich gut mündlich und schriftlich ausdrücken.
b Man kann leicht auf andere Menschen zugehen.
c Man kann körperlich anstrengende Arbeiten schaffen.
d Man ist geschickt mit Händen und Fingern.
e Man kann gut mit Kollegen zusammenarbeiten.
f Man kann sich gut dreidimensionale Gebilde vorstellen.
g Man hat viele Ideen.
h Man kann gut mit Zahlen und Maßen umgehen.

2 Welche Berufe werden hier genannt?

Drei Schüler, die bald ihren Abschluss machen, unterhalten sich
über Berufe und Berufswünsche. Unterstreichen Sie!

Architekt	Berufsberater	KFZ-Mechaniker	Reiseleiter
Bankkaufmann	Elektroinstallateur	Krankenschwester	Werkzeugmacher
Bauzeichner	Grafiker	Modellbauer	Zeitungsverkäufer

3 Kreuzen Sie an!

Hören Sie noch mal zu! Welche besonderen Fähigkeiten haben die drei Schüler?

Jenny kann ...

☐ sich gut konzentrieren
☐ mit Menschen umgehen
☐ gut reden
☐ malen und zeichnen.

Susanne kann ...

☐ gut rechnen
☐ mit Computern klar kommen
☐ Pläne zeichnen
☐ gut Sachen verkaufen.

Bernd kann ...

☐ Texte formulieren und schreiben
☐ gut basteln und Sachen nachbauen
☐ gut organisieren.

4 Was müssen sie können?

Kennen Sie diese Leute? Schreiben Sie zu jedem Beruf ein paar Sätze!

Beispiel: C Dompteur

Ein Dompteur muss mutig sein. Er muss gut mit Tieren umgehen können.

5 Was will er werden?

Bernd spricht mit einem Berufsberater über seine berufliche Zukunft.

a Ergänzen Sie im folgenden Dialog die richtigen Modalverben! Der Anfangsbuchstabe ist jeweils angegeben.

Berufsberater: Guten Tag! Was k_____ ich für Sie tun?

Bernd: Guten Tag! Mein Name ist Bernd Maasen. Ich m_____ mich über Berufe informieren, die für mich in Frage kommen.

Berufsberater: Da k_____ ich Ihnen helfen. Wissen Sie denn so ungefähr, was Sie beruflich machen w_____?

Bernd: Meine Eltern w_____, dass ich in Ihrem Geschäft mitarbeite. Ich s_____ eine kaufmännische Ausbildung machen. Aber ich m_____ lieber etwas Handwerkliches machen.

Berufsberater: Hmm. Da m_____ ich natürlich erstmal etwas über Ihre Fähigkeiten und Interessen erfahren. Was k_____ Sie denn? Welche Hobbys haben Sie?

b Wie könnte das Gespräch weitergehen? Schreiben Sie den Dialog selbst zu Ende!

6 Was möchten Sie werden?

a Befragen Sie Ihren Nachbarn im Kurs nach seinem Traumberuf und machen Sie sich kurze Notizen dazu! Dann berichten Sie den anderen Teilnehmern, warum er/sie sich diesen Beruf besonders wünscht!

Die Traumberufe

Umfrage bei 14- bis 18-jährigen

Jungen	Mehrfachnennungen in %		Mädchen
EDV-Fachmann	25	26	Journalistin
Architekt	24	22	Rechtsanwältin
Handwerker	23	22	Sozialarbeiterin
Multimedia-Spezialist	21	21	Werbekauffrau
Journalist	18	18	Ärztin
Rechtsanwalt	18	17	Architektin
Werbekaufmann	18	15	Apothekerin

b Erstellen Sie eine Statistik für die ganze Gruppe! Erkennen Sie einen „Trend"?

7 Was bin ich?

Ein Teilnehmer überlegt sich einen Beruf, die anderen müssen ihn erraten. Sie dürfen aber nur 20 Fragen stellen, die man mit „ja" oder „nein" beantworten kann.

Beispiel: *Muss man in dem Beruf besondere Kleidung tragen? Mussten Sie ein Studium abschließen? Ist dieser Beruf ...? Sind Sie ...? usw.*

Gehen wir aus?

1 Kennen Sie den Film?

Lesen Sie die Filmbeschreibungen und suchen Sie das passende Szenenfoto!

1 Der Stummfilm *Metropolis* (1926) von Fritz Lang, der in einer fantastischen Zukunftsstadt spielt, ist ein Klassiker geworden.

2 Der österreichische Regisseur Joseph Sternberg drehte 1930 den Film *Der blaue Engel* nach dem Roman von Heinrich Mann. Marlene Dietrich wurde als die Tänzerin Lola weltbekannt.

3 Wolfgang Staudtes Film *Die Mörder sind unter uns* mit der jungen Hildegard Knef in der weiblichen Hauptrolle spielt ein Jahr nach Kriegsende in der Ruinenstadt Berlin.

4 Rainer Werner Fassbinder ist einer der bekanntesten Regisseure des „Jungen Deutschen Films". Sein Film *Angst essen Seele auf* (1973) erzählt von der schwierigen Liebe zwischen der 60-jährigen Witwe Emmi und dem 20 Jahre jüngeren Gastarbeiter Ali.

5 Eine der deutschen Filmproduktionen, die auf dem Weltmarkt Erfolg hatten, ist die Literaturverfilmung *Das Boot* (1981) von Wolfgang Petersen. Der Film erzählt die Geschichte des deutschen U-Bootes U 96 und seiner Besatzung im 2. Weltkrieg.

6 Wim Wenders, einer der erfolgreichsten deutschen Regisseure, erhielt einen Preis für seinen Film *Der Himmel über Berlin* (1987). Engel kommen auf die Erde und beobachten das Treiben der Menschen.

2 Gehen Sie oft ins Kino?

Welcher der genannten Filme würde Sie interessieren? Warum? Diskutieren Sie.

3 Ergänzen Sie!

a Max möchte sich mit Ulla verabreden, aber Ulla hat wenig Zeit. Hören Sie zu! Was hat Ulla abends vor? Tragen Sie die Aktivitäten in Ullas Kalender ein!

b Schreiben Sie auf, warum Ulla keine Zeit hat!

Redemittel		
Montagabend	hat Ulla keine Zeit,	weil ...
	kann Ulla nicht,	

Und wann hat Max keine Zeit? Warum?

	vorm.	nachm.	abends
Montag		Mittagessen mit Sabine	
Dienstag	Besprechung 11.00		
Mittwoch		15.00 Sauna	
Donnerstag			
Freitag	Arzt 9.00		
Samstag			
Sonntag		Kaffee und Kuchen bei Oma	

4 Was passiert hier?

Hören Sie das Telefongespräch noch mal! Fällt die Verabredung von Max und Ulla „ins Wasser" oder finden die beiden eine Möglichkeit sich zu treffen?

Schreiben Sie zusammen mit einem Partner einen Schluss für den Dialog! Lesen Sie Ihre Variante mit verteilten Rollen der Gruppe vor!

> *Ich geb zu, die Woche ist wirklich voll. Aber wie wär's mit Samstag? Wir könnten doch zusammen frühstücken gehen ...*

5 Was unternehmen wir?

a Sie verbringen ein Wochenende in Berlin. Schauen Sie sich die Collage an! Was möchten Sie unternehmen?

b Sie möchten sich mit einem Freund, der in Berlin lebt, verabreden. Sie rufen an und müssen eine Nachricht auf den Anrufbeantworter sprechen. Was sagen Sie?

19.30 h BRECHTS HAUSPOSTILLE *Gastspiel*

19.30 h BRECHTS HAUSPOSTILLE

keine Vorstellung

19.30 h GERMANIA 3 GESPENSTER AM TOT

19.30 h DER AUFHALTSAME A DES ARTURO UI

19.30 h DER AUFTRAG - ERINN AN EINE REVOLUTION

19.30 h BRECHT MAJAKOWSKI

Unser Renner !

4 Berlin City-Tour 2 Std./h **30,-**

Diese Fahrt durch beide Teile dieser faszinierenden Stadt zeigt Ihnen Sehenswürdigkeiten Berlins. Erleben Sie den **Gendarmenmarkt, Museumsinsel, Berliner Dom** und **Brandenburger Tor** bei kurzen **Fotostops** hautnah. Seit Jahren sind unsere Berlin-Besucher von dieser Tour begeistert.

This tour through both parts of the fascinating city shows you the si Berlin. Experience **Gendarmenmarkt, Museumsinsel, Berliner Dom** and **Brandenburger Tor** in flesh-and-blood with short **photostops**. Our Berlin-visitors are enthusiastic about this tour since years.

s t a a t s

U n t e r d e n

1 Lulu
M-Gielen J/B-Mussbach K-Schmidt-
Zenge: Gunhild Brückner

2 Elektra
M-Young J-Dora R/K-Koupeilis Ch
Hajossyova Esztag Matewa König N

3 Hommage an Michael
mit dem Komponisten im Gesprä
Marian Bäberli J-Hailnr Giuseppe Sinesi
Reinhard L
Michael Gielen Streichquartett Co

Zar und Zimmerman
M-Fisch J-Wand
S-Höke Baumann Henning-Jensen

Kino

Acud
18.00, 20.00 El Sur - Der Süden (OmU)
22.00 23 - Nichts ist so wie es scheint
15.00, 17.30, 20.00, 22.30 Patch Adams

Alhambra
15.00, 17.30, 20.00, 22.15 Asterix & Obelix gegen Caesar

Alhambra Too
15.30 Asterix und Kleopatra
17.30, 20.00, 22.30 Rush Hour

Alpha Spandau
16.00 Unternehmen Geigenkasten

Adria

Dollar Mambo: Egal, was man von Einmarsch in Panama halten mag, für die mittelamerikanischen Staates war die on von 1989 nichts weiter als ein gewa mexikanische Filmemacher Paul Leduc hat in

Gehen wir essen?

1 Lesen Sie die Speisekarte!

Welche Speisen kennen Sie? Was würden Sie gern probieren?
Was würden Sie auf keinen Fall bestellen?

RESTAURANT ZUM GRÜNEN BAUM
Speisekarte

Suppen

Hühnerbrühe 3,50 DM (€ 1,80)
Spargelcremesuppe 5,00 DM (€ 2,60)
Linsen-Eintopf 5,00 DM (€ 2,60)
Ochsenschwanzsuppe 4,90 DM (€ 2,50)

Vorspeisen

Krabbencocktail 6,25 DM (€ 3,20)
Gegrilltes Gemüse 6,50 DM (€ 3,30)
Gemischter Salat mit Ei oder Schafskäse 6,95 DM (€ 3,55)

Fleischgerichte

Schweinebraten mit Rotkohl
und Klößen 19,30 DM (€ 9,90)
Eisbein mit Sauerkraut
und Salzkartoffeln 20,50 DM (€ 10,50)
Roulade mit Leipziger Allerlei
und Kroketten 22,20 DM (€ 10,35)
Kalbsleber mit Röstzwiebeln
und Spätzle 22,50 DM (€ 11,50)

Fisch und Geflügel

Forelle Gärtnerin Art
mit Salzkartoffeln 23,20 DM (€ 11,90)
Schollenfilet mit Remoulade
und Bratkartoffeln 25,95 DM (€ 13,30)
Brathähnchen mit Pommes Frites
und Salat 14,20 DM (€ 7,30)
Entenbrust mit Pilzen
und Reis 22,50 DM (€ 11,50)

Nachspeisen

Götterspeise mit Vanillesauce 5,20 DM (€ 2,65)
Gemischtes Eis 6,10 DM (€ 3,15)
Schwarzwald-Becher 6,35 DM (€ 3,25)
Obstsalat mit Joghurt 6,00 DM (€ 3,05)
Obststreusel 3,00 DM (€ 1,50)
Käse-Sahne-Torte 4,50 DM (€ 2,30)
Apfelstrudel 5,50 DM (€ 2,80)

---

2 Ergänzen Sie!

Es gibt viele Möglichkeiten.

Als Vorspeise: Lachs oder _____
Als Fleischgericht: Schnitzel oder _____
Als Beilage: Reis oder _____
Als Geflügel: Ente oder _____

Als Gemüse: Blumenkohl oder _____
Zum Würzen: Salz oder _____
Als Nachtisch: Eisbecher oder _____
Als Getränk: Bier oder _____

3 Wo spielen die Gespräche?

Sie hören Gespräche zwischen den Gästen
und der Bedienung. Schreiben Sie jeweils
die Nummer des Dialogs ins Kästchen!

In einer Kneipe ☐
In einem Restaurant ☐ ☐
In einer Kantine ☐
An einem Imbissstand ☐

4 Ergänzen Sie!

Notieren Sie die Verben aus den Dialogen!

1 – Und was _____ Sie?
  – Bratwurst mit Pommes.
  – Moment, die Pommes _____ ein bisschen.

2 – Wissen Sie schon, was Sie trinken _____?
  – Ja, ich _____ einen trockenen Weißwein.

3 – Klaus, _____ mir mal noch ein Brötchen mit.
  – Hier, das _____ 30 Pfennig.

4 – Hat Ihnen die Vorspeise _____?
  – Die _____ ausgezeichnet. _____ ich zu meinem Ragout lieber Reis bekommen?
  – Selbstverständlich.

5 – Lecker. Das _____ genau das Richtige.
  – Und _____ hat's auch.

5 Machen Sie Dialoge!

Spielen sie selbst Dialoge im Restaurant. Benutzen Sie die Speisekarte von Seite 102 und folgende Redemittel:

Redemittel	
Bedienung	**Gast**
Sie wünschen bitte? Was darf es sein? Was kann ich Ihnen bringen?	Ich nehme ... Ich möchte ... Ich hätte gerne ...
Sind Sie zufrieden? Hat es Ihnen geschmeckt?	Danke, ja. Es war ausgezeichnet / sehr gut.
Haben Sie noch einen Wunsch? Kann ich noch etwas für Sie tun?	Könnten wir noch einmal die Karte haben? Bringen Sie mir bitte ... Was können Sie uns als Dessert empfehlen? Die Rechnung bitte.
Zahlen Sie zusammen oder getrennt? Das macht dann 83 DM (€ 42,45).	Geben Sie bitte auf 90 DM (€ 46) zurück. Bitte, stimmt so.

6 Kalorien, Diäten und mehr...

Diäten sind modern geworden. Die Kartoffeldiät, die Null-Fett-Diät und so weiter und so fort. Wissen Sie, wie viele Kalorien in je 100 g der folgenden Nahrungsmittel stecken? Diskutieren Sie in Gruppen und ergänzen Sie die Tabelle!

Bananen – Butter – Hamburger – Haselnüsse – Honig – Kartoffeln – Kartoffelchips – Lachs – Linsen – Nudeln – Salat – Salzstangen – Schweinskotelett – Vollkornbrot – Zwiebeln

0–50 kcal		50–100 kcal		100–250 kcal		250–500 kcal		500–1000 kcal	
_____	15	_____	71	_____	131	_____	306	_____	535
_____	28	Weintrauben	71	_____	133	_____	309	Schokolade	536
Äpfel	49	_____	95	_____	187	Gummibärchen	340	_____	636
				Avocado	217	_____	348	_____	741
				_____	239	_____	350		

Politik und Gesellschaft

1 Was passt zusammen?

Zum Ende des 20. Jahrhunderts denkt man zurück. Ein Kulturmagazin hat die wichtigsten 100 Begriffe zu den vergangenen 100 Jahren veröffentlicht.

a Ergänzen Sie!

> Autobahn – Bikini – Computer – Demokratisierung –
> Eiserner Vorhang – Fernsehen – Flugzeug –
> Friedensbewegung – Inflation – Kaugummi –
> Massenmedien – Rock'n'Roll – Schwarzarbeit –
> Selbstverwirklichung – Soziale Marktwirtschaft – Stau –
> Völkerbund – Volkswagen – Werbung – Fließband

Politik	Wirtschaft	Verkehr	Information	Lebensstil (Mode)
				Bikini

b Welche Begriffe waren in den letzten 10 Jahren wichtig?

2 Richtig oder falsch?

Hören Sie sich die Befragung von Schülern an. Ein Dauerbrenner unter den politischen Themen ist der Umweltschutz.
1 In der Schule gibt es viele Projekte zum Umweltschutz.
2 Manchmal wird im Unterricht über Umweltschutz gesprochen.
3 Auch im Urlaub versuchen die meisten Leute den Müll zu trennen.
4 In vielen Supermärkten kosten Plastiktüten etwas Geld.
5 Manche Eltern achten darauf, dass die Kinder Energie sparen.
6 An neuen Umweltgesetzen gibt es keine Kritik.

3 Ergänzen Sie!

Was ist Umweltfreundlichkeit?
1 Die _____ abstellen, wenn man zum Lüften die _____ öffnet.
2 Getränke lieber in _____ mit Pfand kaufen als in _____ zum Wegwerfen.
3 Zu Hause nicht unnötig _____ brennen lassen und nicht unnötig warmes _____ verbrauchen.
4 Ein neues _____ für den Schutz der Umwelt muss keine Beschränkung der _____ der Bürger sein.
5 Für kurze Strecken nicht das _____ nehmen, sondern das _____

> Auto, Dosen, Fahrrad, Fenster, Flaschen, Freiheit,
> Gesetz, Heizung, Licht, Wasser

4 Die Nationalhymne

Die deutsche Nationalhymne hat seit 1952 folgenden Text:

> Einigkeit und Recht und Freiheit
> für das deutsche Vaterland!
> Danach lasst uns alle streben
> brüderlich mit Herz und Hand!
>
> Einigkeit und Recht und Freiheit
> sind des Glückes Unterpfand.*
> Blüh im Glanze deines Glückes,
> blühe, deutsches Vaterland!

* Unterpfand = Garantie, Grundlage

In einer Rede (1992) erinnert Hans-Dietrich Genscher, deutscher Außenminister von 1974 bis 1992, an den Text der Nationalhymne:

> „Das deutsche Volk, als ein großes Volk im Herzen Europas, sollte sein Verhalten immer so einrichten, dass seine Existenz auch von seinen Nachbarn als Unterpfand ihres eigenen Glückes empfunden wird. Das ist die beste Garantie für eine glückliche Zukunft des deutschen Volkes."

a Was wissen Sie über die Beziehungen zwischen Ihrem Land und Deutschland?
b Tut Deutschland etwas dafür, dass man in Ihrem Land glücklicher ist?
c Könnte Deutschland mehr für ein glückliches Europa tun?

5 Typisch deutsch?

a Die Karikatur zeigt, was aus der Freiheit werden kann, wenn sich ein Staat zu gut um sie kümmert. Ist das typisch deutsch?
b Entwerfen Sie Ihr Bild von dem Begriff „Freiheit".

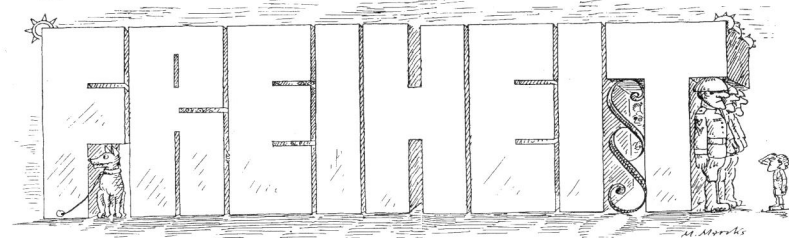

6 Schreiben Sie einen Brief

Haben Sie einen Vorschlag, Wunsch oder Kritik?
„Der Kummerkasten der Nation" ist für alle da. Jung und Alt, Deutsche und Nichtdeutsche können einen Brief an den Petitionsausschuss des deutschen Parlaments schicken. Eine persönliche Unterschrift ist die einzige Bedingung. Jährlich kommen ca. 20000 Briefe an: Beschwerden, Bitten, Vorschläge. Bei 38% kann der Petitionsausschuss helfen, von weiteren 14% werden die Vorschläge angenommen.

Interessieren Sie sich für Kunst?

1 📖 Ergänzen Sie!

Alle großen und auch viele kleine Städte in Deutschland, Österreich und der Schweiz haben interessante Museen. Gezeigt werden Besonderheiten der Region, Dokumente der Geschichte und Werke von weltweiter Bedeutung.

- Wir heißen Sie in unserem Museum herzlich willkommen. Der handliche Raumplan wird Ihnen die Orientierung erleichtern.
- In der Eingangshalle finden Sie vorne die _____ und links daneben die _____ , wo Sie auch aktuelle _____ erhalten.
- Im Untergeschoss, das Sie über die Treppe rechts erreichen, sind die _____ , die _____ und _____ untergebracht. Zur Erfrischung und Stärkung lädt die _____ ein.
- In den Nebenräumen des Erdgeschosses befindet sich links ein _____ , in dem auch Filme gezeigt werden können, und rechts bietet Ihnen der_____ Informatives und Dekoratives zum Mitnehmen.
- Der erste und zweite Stock ist frei für die jeweiligen Ausstellungen. Neben den Treppen gewährt ein _____ Zugang zu den unterschiedlichen Etagen.
- Wir wünschen Ihnen einen angenehmen Aufenthalt.

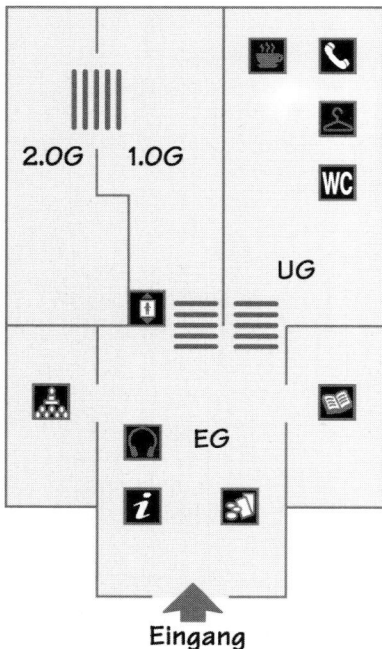

2.OG   1.OG

UG

EG

Eingang

Cafeteria – Garderobe –
Informationstheke – Kasse – Lift –
Museumsladen – Telefone –
Toiletten – Tonbandführungen –
Vortragssaal

2 💬 Machen Sie Dialoge!

Sehen Sie sich die Informationen (rechts) an und spielen Sie Dialoge zwischen Museumsbesucher (B) und Personal (P)!
Beispiel:
B: Guten Tag, ich hätte gern zwei Eintrittskarten für Studenten.
P: Haben Sie Studentenausweise bei sich?
B: Ja, hier. Was kostet das?...

INFORMATIONEN
Eintrittspreise: Erwachsene 10 DM (€ 5,10), Schüler und Studenten 4 DM, Familienkarte 22 DM (€ 11,25), Kinder unter 6 Jahren frei
Führungen für Gruppen bis 25 Personen 100 DM (€ 51,15), Fremdsprachen- und Fachführungen 120 DM (€ 61,35)
Essen und Trinken: Restaurant (1. Etage), Imbissraum (Erdgeschoss), Café (3. Etage), Speisewagen (Freigelände)
Museumsladen: Ausstellungsführer (5 DM € 2,60), Kataloge und Literatur, Spielzeug und Geschenke, Plakate und Postkarten
Informationen: Die Bibliothek, das Archiv und Dokumentationen stehen zur Verfügung
Regelmäßige Führungen um 10.00 und 14.00 Uhr

3 Was haben die Leute besucht?

München ist ein wichtiges Kulturzentrum in Deutschland. Mit rund 50 öffentlichen Museen und Sammlungen nimmt die Stadt eine Spitzenstellung ein.
Sie hören vier Leute, die einen Besuch beschreiben. Ordnen Sie die Dialogausschnitte 1–4 zu.

Gemäldegalerie ☐
Jagd- und Fischereimuseum ☐
Skulpturensammlung ☐
Deutsches Museum ☐
Theatermuseum ☐
BMW-Ausstellung ☐
Siemens-Museum ☐
Bierbrauerei ☐
Bavaria-Filmstudios ☐

4 Dada spielt verrückt!

Lesen Sie den folgenden Text!
a Dieser Text ist im typischen Dada-Stil! Schreiben Sie ihn richtig mit Groß- und Kleinbuchstaben und Satzzeichen!
b Woher kommt der Begriff *dada*? Benutzen Sie ein Lexikon!

ZüriCH gilt als GebUrtsort des Dadaismus Künstler AUS Deutschland Frankreich UND RumänIEN kamen hier in den Jahren des Ersten Weltkrieges zusammen DIE Dadaisten stellten alle TRADitionellen Formen und Werte auf den Kopf und protestierten gegen den wahnsinn DES KriegEs

5 Informationen sammeln

Sammeln Sie im Kurs Namen von Künstlern und Wissenschaftlern aus der Schweiz, Österreich oder Deutschland.

Wählen Sie eine Persönlichkeit aus, stellen Sie Informationen zusammen und berichten Sie. Sie könnten Informationen im Internet suchen!

Beispiele:

Christa Wolf

Wolfgang A. Mozart

?..............?

Albert Einstein

Max Beckmann

Wir informieren Sie

1 📖 Silbenrätsel

aus	buch
den	fern
funk	hen
her	hör
il	zei
lei	lin
lus	mes
nach	rich
schlag	se
ße	trier
stra	te
ten	le
	se

Erraten Sie mit Hilfe der Silben im Kasten die fehlenden Begriffe!
Tipp: Sie finden fast alle Wörter in den Texten auf den Seiten 58–59!

1 Eine Zeitschrift mit vielen Bildern und Fotos nennt man _____.
2 Eine der populärsten deutschen Fernsehserien heißt _____.
3 Die Frankfurter _____ ist die größte der Welt.
4 Wichtigstes Medium in (fast) allen deutschen Wohnzimmern: _____.
5 Fett gedruckte Überschrift auf einer Zeitungsseite: _____.
6 Zum Rundfunk gehören Fernsehen und _____.
7 Im Radio werden zu jeder vollen Stunde _____ gesendet.
8 In einer Bibliothek kann man Bücher _____.

2 🎧 Was passt zusammen?

Sie hören Ausschnitte aus vier verschiedenen Radioprogrammen. Finden Sie heraus, welche Art von Sendungen das sind und welches Bild dazu passt! (Schreiben Sie die Nummer neben das passende Bild!)

 A ____    B ____    C ____    D ____

3 🎧 Ergänzen Sie

Die folgenden Sätze hören Sie so ähnlich in den Sendungen.

Sendung 1
a An dem Streik im K_____ Wertheim haben mehr als _____ Beschäftigte teilgenommen.
b Das H_____ an der Oder ist in der Nacht um _____ Zentimeter gesunken.
c Auf der C_____ CeBIT in Hannover waren so viele B_____ wie nie zuvor.

Sendung 2
a Für den Nachmittag wird R_____ vorhergesagt.
b In den nächsten Tagen soll das Wetter f_____ und t_____ werden.

Sendung 3
a Frau Drews hat für ihre Geschäftsidee einen P_____ bekommen.
b In der Agentur von Frau Drews können G_____ Regeln für das Verhalten im A_____ lernen.

Sendung 4
a Dr. Behrens ist E_____ für rechtliche Fragen.
b Normalerweise gibt es in den Hotels dort keine H_____

4 Bilden Sie Fragen!

In den Sendungen hören Sie unter anderem einen Ausschnitt aus einer Talkshow. Lesen Sie hier die Antworten, die Frau Sommerfeld im weiteren Verlauf des Gesprächs gibt! Die dazu passenden Fragen sollen Sie selbst formulieren.

1 _____? Ich bin Chefin der größten Heiratsagentur in Deutschland.
2 _____? Seit über zwei Jahrzehnten.
3 _____? Nein. Diesen Beruf kann man nur in der Praxis erlernen.
4 _____? Ja, sehr! Menschen zusammenzubringen ist doch eine schöne Aufgabe.
5 _____? Nein, leider nicht. Ich hätte gar keine Zeit für Mann und Familie.

5 Was passt zusammen?

a Zeitung A und Zeitung B bringen die gleichen Nachrichten, aber unter verschiedenen Überschriften. Ordnen Sie zu!

Zeitung A

1 Zwei Pfennig mehr pro Kilowattstunde
2 HOCH „DIETER" BRINGT HITZE
3 Hauptstraße bleibt gesperrt
4 Umweltministerkonferenz tagt: Streit über Kernenergie
5 Tournee abgesagt
6 Erneuter Regierungswechsel in Italien
7 Handball-Höhepunkt in Hamburg

Zeitung B

A Umweltminister uneins zu Atomausstieg
B Musiker an Grippe erkrankt
C Strompreise steigen
D Sommer kommt wieder
E Weiter Umleitung in Stadtmitte
F HANDBALL Pokal-Finale in Alsterhalle
G Rom Parlament vor der Auflösung

b Was ist das Thema der verschiedenen Nachrichten?

Beispiel:
1C *Der Strompreis wird um zwei Pfennig pro Kilowattstunde teurer.*

6 Diskutieren Sie

Der deutsch-französische Fernsehsender *arte* beschäftigt sich mit europäischen Themen und hat viel Kultur im Angebot.

- Was für Sendungen/Themen erwarten Sie für die verschiedenen Sparten? Nennen Sie Beispiele!
- Was interessiert Sie persönlich am meisten?
- Wann würden Sie abends *arte* einschalten?

arte
Jetzt noch mehr Genuss zu anderen Zeiten:

- - - - - - - - - -

NATUR+UMWELT (MO)   19.00
WISSENSCHAFT (DI)   19.00
WISSEN   (MI)   19.00
REISEMAGAZIN (DO)   19.00
ROCK+POP   (FR)   19.00

DIE WOCHE VOR
50 JAHREN   (SA)   19.00
KLASSIK   (SO)   19.00

NACHRICHTEN   (MO-DO)19.10
REPORTAGEN   (MO-DO)20.15
KUNST+KULTUR (FR)   20.15
COMEDY   (SA)   20.15
SLAPSTICK   (SO)   20.15

- - - - - - - - - -

Schoen, dass Sie bei uns reirschauen, beachten Sie bitte auch unser reichhaltiges Angebot ab 20.45 Uhr.

***

Eine Deutschlandreise

1 Ergänzen Sie!

In dem folgenden Text fehlen die Präpositionen!

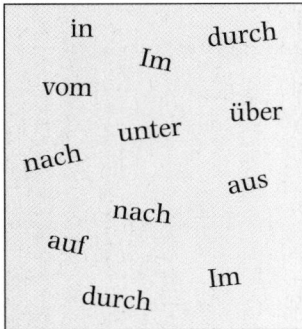

in durch
Im
vom
unter über
nach
aus
nach
auf
durch Im

WILLKOMMEN IN DEUTSCHLANDS STÄDTEN

Eine Reise _____ Deutschlands Städte ist eine Reise _____ viele Welten. _____ Norden Deutschlands erzählen alte Backsteinbauten _____ Reichtum der Hanse. _____ Süden findet man herrliche Dome, Rathäuser und Schlösser.

Viele Großstädte haben ihre Stadtkerne _____ historischem Vorbild restauriert und zahlreiche Gebäude stehen _____ Denkmalschutz.

Die meisten Städte in Deutschland sind „grüne" Städte. Die Sehnsucht der Bewohner _____ der Natur ist groß. Besonders Besucher _____ dem Ausland staunen _____ das viele Grün _____ Balkonen, Dachterrassen und _____ Hinterhöfen.

2 Raten Sie mit auf unserer Rätselreise!

Sie hören ein Ratespiel: wie heißen die Städte und Flüsse?

Haben Sie Lust Deutschlands schönste Städte und Landschaften kennen zu lernen? Dann machen Sie mit bei unserem großen Ratespiel und gewinnen Sie eine 14-tägige Rundreise durch Deutschland für zwei Personen!

Wer alle Antworten richtig einträgt, nimmt an unserer Verlosung teil. Der Rechtsweg ist ausgeschlossen.

★1 Die vier Bundesländer heißen
a N_____-W_____
b R_____-P_____
c H_____
d B_____-W_____.

★2 Das bekannte Gebirge zwischen Karlsruhe und Basel heißt S_____.

★3 Der größte See im Süden Deutschlands ist der B_____.

★4 M_____ ist die Landeshauptstadt von Bayern.

★5 Der Fluss, an dem die bayrische Hauptstadt liegt, heißt I_____.

★6 Die Grenzstadt an der Donau ist P_____.

★7 Das Bundesland, das im Nordosten an Bayern grenzt, ist S_____ mit der Hauptstadt D_____.

★8 Die Bundeshauptstadt ist natürlich B_____.

★9 Deutschlands größte Insel liegt in der Ostsee und heißt R_____.

★10 Auf der Weiterfahrt nach Hamburg kommt man durch R_____ und L_____.

★11 Die einzigartige Landschaft zwischen Hamburg und Hannover heißt L_____ H_____.

★12 Start und Ziel der Rundreise ist die Stadt K_____ am R_____.

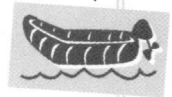

3 Können Sie Karten lesen?

a Hören Sie zu und sehen Sie sich die Karte an! Die Stationen der Deutschlandreise in der nebenstehenden Tabelle sind durcheinander geraten. Schreiben Sie in die Kästchen die richtige Ziffer!

Dresden

Hannover

Köln

München

Hamburg

Basel (CH)

Rostock

Lindau

Passau

Lübeck

Karlsruhe

Berlin

b Hören Sie noch mal zu und verfolgen Sie die Deutschlandreise! Welche Transportmittel bzw. -möglichkeiten werden benutzt? Notieren Sie die richtige Antwort für die einzelnen Etappen auf der Karte!

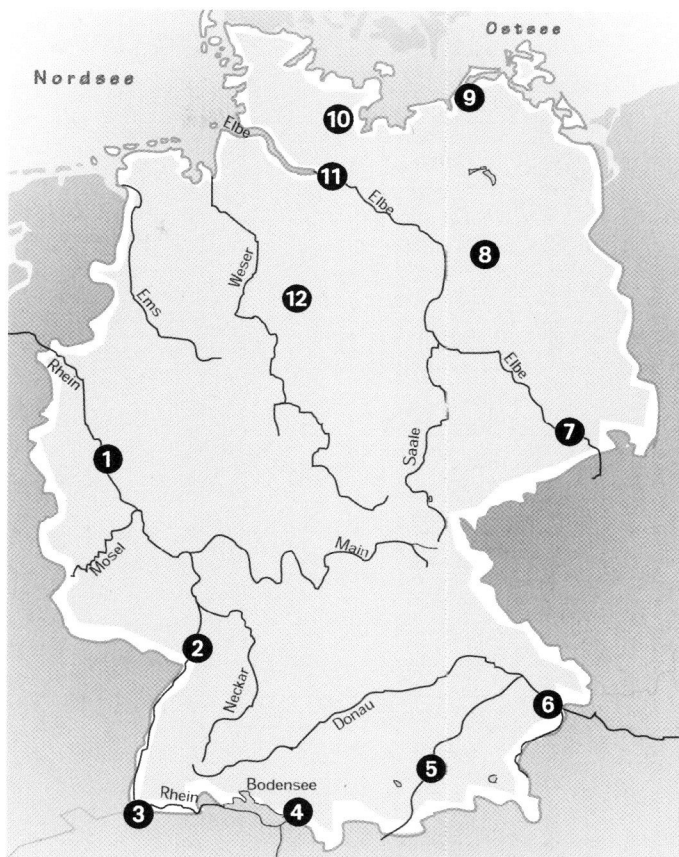

4 Bilden Sie Quizfragen!

a Bereiten Sie mit einem Partner einige Quizfragen vor! Suchen Sie sich acht der insgesamt zwölf Reisestationen aus!
Notieren Sie auf einem Zettel für jede Stadt drei bis vier Stichwörter (geografische Lage, Sehenswürdigkeiten, berühmte Bewohner, Hauptstadt von ...).
Beispiel:

> liegt an der Elbe
> Hafenstadt
> Hansestadt

(Das ist Hamburg.)

b Nun stellen Sie einem anderen Team aus der Gruppe eine Ihrer Quizfragen.
Beispiel:
Die Stadt liegt im Norden an der Elbe. Sie hat einen großen Hafen ... Wie heißt die Stadt?
Wird die Frage richtig beantwortet, so dürfen die beiden befragten Teilnehmer weitermachen.

c Wenn Ihnen das Raten Spaß macht, können Sie auch so ein Quiz unter dem Motto STADT – LAND – FLUSS zu Ihrem Land veranstalten. Aber bitte auf Deutsch!

Entdecken Sie Wien!

1 Finden Sie den Oberbegriff!

Suchen Sie zu den folgenden Wortgruppen den passenden Oberbegriff im Kasten!

> **Besteck – Gebäude – Gepäck(stück)**
> **Geschäft – Geschirr – Getränk**
> **Himmelsrichtung – Jahreszeit**
> **Unterkunft – Verkehrsmittel – Währung**

Oberbegriff:				weitere Beispiele:
_____	Bus	Auto	Flugzeug	_____
_____	Hotel	Pension	Jugendherberge	_____
_____	Schloss	Rathaus	Kirche	_____
_____	Wein	Bier	Kaffee	_____
_____	Bäckerei	Drogerie	Buchhandlung	_____
_____	Gabel	Messer	Löffel	_____
_____	Sommer	Herbst	Winter	_____
_____	Koffer	Tasche	Rucksack	_____
_____	Osten	Westen	Süden	_____
_____	Teller	Tasse	Untertasse	_____
_____	Franken	Schilling	Dollar	_____

2 Richtig oder falsch?

Sie hören ein Gespräch zwischen einer Deutschen und einer Wienerin im Zug.
1 Die deutsche Touristin wohnt seit ihrem sechsten Lebensjahr in München.
2 Sie war schon öfter in Österreich.
3 Die Wienerin hat immer in demselben Stadtbezirk gewohnt.
4 Ihre Familie ist aus Slowenien gekommen.
5 Die Münchnerin macht bei einem Besichtigungsprogramm mit.
6 In der Winterreitschule werden die Lipizzaner-Pferde trainiert.
7 Die Touristin will jeden Tag an einer Stadtführung teilnehmen.
8 Auf der Ringstraße fährt noch die Straßenbahn.

3 Beantworten Sie folgende Fragen!

Hören Sie den Dialog noch mal! (Ein Tipp: Einige Informationen finden Sie auch auf den Seiten 76–77.)
1 Wie heißen in Wien die Stadtteile? (Es gibt 23 davon.)
2 Welche Herkunft haben viele Einwohner von Wien?
3 Wie heißt die Dynastie, die über 600 Jahre von Wien aus regiert hat?
4 Welche sind die drei „großen" Sehenswürdigkeiten von Wien?
5 Wo findet man preiswertere Hotels oder Pensionen?
6 Wo befindet sich die Hofburg?
7 Wie heißen die berühmten weißen Pferde der Hofreitschule?

4 Wo ist...?

Schauen Sie sich den Stadtplan an! Sie wohnen in dem berühmten **Hotel Sacher** direkt an der Oper.

Machen Sie mit einem Partner Dialoge: Fragen Sie nach dem Weg bzw. beschreiben Sie den Weg zu folgenden Sehenswürdigkeiten in der Wiener Innenstadt:

1 **Stephansdom**
2 **Peterskirche**
3 **Winterreitschule**
4 **Kunsthistorisches Museum**

Beispiel:

Wo ist die Peterskirche?

Gehen Sie die Kärntner Straße entlang und dann bis zum Graben ...

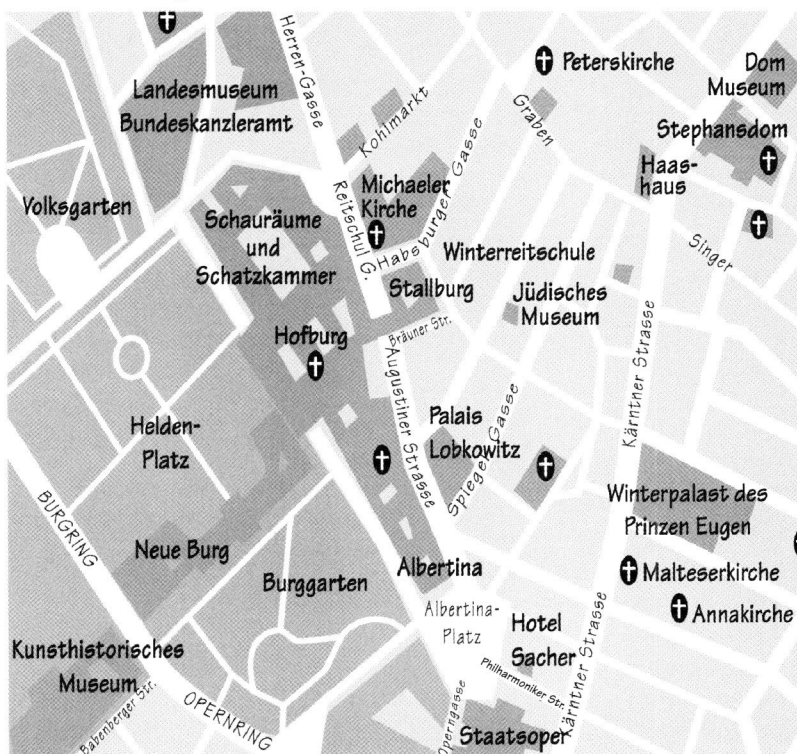

Redemittel				
nach dem Weg fragen			**den Weg beschreiben**	
Entschuldigung,	wie komme ich wo geht es hier	zum/zur ...? nach ...?	Gehen Sie	geradeaus links/rechts die Straße entlang
	wo ist hier	der ...? die ...? das ...?		über die Kreuzung den Platz die Brücke
	ich suche ...	den ... die ... das ...		an ... vorbei bis zum/zur ...!

5 Spielen Sie!

Ein Teilnehmer des Kurses beschreibt eine (größere) Stadt in seiner Heimat – natürlich ohne den Namen zu nennen. Die anderen müssen raten, welche Stadt gemeint ist.

Die vielseitige Schweiz

1 📖 Schweizer Heimat

Fast alle Menschen haben ein Land, eine Gegend, für die sie sich verantwortlich fühlen, ein Gebiet, das sie als „Heimat" bezeichnen.

In *Des Schweizers Schweiz* von Peter Bichsel (1935 in Luzern geboren) gibt er in wenigen einfachen Sätzen ein Bild davon, wie er sich zur Schweiz und zu den Schweizern verhält.

Des Schweizers Schweiz

Ich liebe diese Gegend, und es ist mir wichtig, Bürger dieses Landes zu sein, weil mir mein Bürgerrecht garantiert, dass ich unter allen Umständen hier bleiben darf.

Es ist vorstellbar, dass ich als schwedischer Bürger in der Schweiz aufgewachsen wäre und alle Gefühle für diese Gegend hätte. Dann könnte man mich ausweisen.

Ich habe das Recht, hier zu bleiben. Das ist mir viel wert. Es macht mir Spaß, und ich werde bleiben, dem Satze zum Trotz: "Du kannst ja gehen, wenn es Dir hier nicht passt!"

Doch möcht ich hier bleiben dürfen, ohne ständig begeistert sein zu müssen. Ich bin nicht als Tourist hier. Ich gestatte mir, unsere Sehenswürdigkeiten nicht zu bestaunen. Ich gestatte mir, an einem Föhntag das Alpenpanorama zu ignorieren. Ich gestatte mir, die holländische Landschaft schön zu finden. Ich weiß nicht genau, was ein Holländer meint, wenn er sagt: "Die Schweiz ist schön."

Wir haben in dieser Gegend sehr viel Nebel, und ich leide unter dem Föhn. Der Jura und die Alpen machen mir vor allem ein schlechtes Gewissen, weil ich immer das Gefühl habe, ich müsste sie besteigen und es doch immer wieder sein lasse. Ich habe mit nichts so viel Ärger wie mit der Schweiz und Schweizern.

Was mich freut und was mich ärgert, was mir Mühe und was mir Spaß macht, was mich beschäftigt, hat fast ausschließlich mit der Schweiz zu tun.

Das meine ich, wenn ich sage: "Ich bin Schweizer."

Ordnen Sie richtig zu!
1 Trotz seiner Kritik zu bleiben,
2 Das Schweizbild von Touristen zu verstehen,
3 Das Leben in der Schweiz und mit den Schweizern,

a das macht ihm Mühe.
b das macht ihm Spaß.
c das macht ihm Ärger.

2 Diskutieren Sie!

Nennen Sie typische Dinge aus Ihrer Heimat. Was macht Ihnen Spaß? Was macht Ihnen Mühe? Was macht Ihnen Angst?

3 Was wissen Sie über Basel?

Wo liegt Basel? Was wissen Sie noch über Basel?
Hören Sie das Gespräch am Flughafen und machen Sie Notizen!

4 Ergänzen Sie die Zahlen!

3 – 5 – 16 – 27 – 50 – 1963 –
200 000 – 4 600 000

Nach _____ Minuten Flugzeit landet Peter auf einem Flugplatz, der zu _____ Ländern gehört. Seit_____ versucht man um Basel über die Grenzen hinweg zusammenzuarbeiten; in der „Euregio Oberrhein" leben _____ Menschen. Basel-Stadt hat dagegen nur _____ Einwohner, doch unter anderem trotzdem _____ Museen.
  Martin arbeitet seit _____ Monaten in der chemischen Industrie, dem wichtigsten Wirtschaftszweig der Region. Die Produktion ist für den internationalen Markt bestimmt: Nur _____ Prozent der Waren werden in der Schweiz verkauft.

5 Richtig oder falsch?

Korrigieren Sie die falschen Aussagen!
1 Basel hat einen eigenen Flughafen.
2 Die „Euregio Oberrhein" verbindet die Schweiz mit Frankreich und Deutschland.
3 In Basel gibt es ungefähr 27 Restaurants.
4 Kinofilme werden in der Schweiz normalerweise synchronisiert.
5 Die Forschungsarbeit für die Pharmazie findet Martin interessant.
6 Die Produktion der chemischen Industrie wird hauptsächlich exportiert.
7 Die Schweiz ist Mitglied der Europäischen Union.

6 Diskutieren Sie!

Wenn Sie vom Alltag die Nase voll haben, wohin möchten Sie dann reisen? Lässt sich ein „Trend" in Ihrer Gruppe erkennen? Ist es ein hoher Berg, ein großer See, ein dichter Wald, eine einsame Insel oder der Dschungel einer Großstadt?

Wörterliste

Die kursiv gedruckten Zahlen geben an, auf welcher Seite die Wörter zum ersten
Mal im Buch vorkommen.

⸚	bedeutet: Umlaut im Plural
(Pl.)	bedeutet: Es gibt dieses Wort nur in der Pluralform
*	bedeutet: Das betreffende Verb ist unregelmäßig
[hier:]	bedeutet: Das Wort hat hier eine spezielle, auf einen bestimmten Kontext bezogene Bedeutung
[fig.]	bedeutet: figurativ (das Wort ist als bildlicher Ausdruck zu verstehen)

A

das **Abgas, -e** Gas, das abgeblasen wird, z. B. aus Kraftfahrzeugen *81*

abgelegen einsam, isoliert gelegen *84*

der **Abgeordnete, -n** Parlamentarier, (Volks)Vertreter *37*

abgeschnitten isoliert, abgetrennt *42*

das **Abitur** Abschluss(prüfung) nach 12 bzw. 13 Jahren Gymnasium; Hochschulreife *20*

absagen sagen, dass etw. nicht stattfindet *109*

abstellen [hier:] ausmachen, abschalten *104*

die **Abteilung, -en** Bereich *33*

abtreten * [hier:] abgeben, überlassen *81*

abwechslungsreich nicht monoton, vielfältig *62*

adlig aristokratisch *74*

ähnlich gleich, vergleichbar *19*

der **Akademiker, –** jd., der studiert hat *24*

das **All** Weltraum, Universum *55*

die **Allee, -n** auf beiden Seiten von Bäumen eingefasste Straße *65*

allerdings [hier:] aber, jedoch *76*

allgemein nicht speziell *21*

alljährlich jedes Jahr stattfindend *80*

allmählich mit der Zeit, Schritt für Schritt *10*

der **Alltag** das tägliche, „normale" Leben *17*

die **Alm, -en** Weide (für das Vieh) im Hochgebirge *92*

das **Alphorn, ⸚er** altes, einfaches, sehr langes Blasinstrument aus Holz *92*

der **Altar, ⸚e** (Opfer)Tisch in der Kirche, an dem der Priester die Sakramente vollzieht *74*

die **Alternative, -n** andere Möglichkeit *20*

die **Amtssprache, -n** offizielle Sprache (eines Staates) *93*

die **Anatomie** Wissenschaft vom Körperbau *48*

angeblich wie man behauptet/sagt *80*

das **Angebot, -e** [hier:] Sortiment; alle Waren, die verkauft werden *33*

der **Angestellte, -n** jd., der nicht selbständig, sondern abhängig (von einem Arbeitgeber) arbeitet *39*

der **Angriff, -e** Attacke, Eroberungsversuch *85*

der **Anhänger, –** Fan *27*

anscheinend scheinbar, wie es aussieht *42*

anstelle (an)statt *84*

anstrengend ermüdend, viel Kraft erfordernd *98*

anwenden benutzen, gebrauchen *95*

die **Anzeige, -n** Inserat, Annonce (Zeitung) *97*

der **Anzug, ⸚e** Bekleidung bestehend aus Hose und dazu passender Jacke *84*

anzünden Feuer anmachen *14*

die **Ära, Ären** Zeitalter, Zeitabschnitt *77*

der **Arbeitgeber, –** Chef, Unternehmer *24*

der **Arbeitnehmer, –** Angestellter, Arbeiter *24*

die **Arbeitsstätte, -n** Arbeitsplatz *53*

arbeitswütig „süchtig" nach Arbeit, immerzu arbeitend *79*

archaisch aus der Frühzeit, altertümlich *92*

das **Argument, -e** Grund *59*

die **Armut** Elend, Not *36*

das **Asyl** Schutz, Zuflucht *89*

das **Attentat, -e** politischer Mord(versuch) *41*

das **Attribut, -e** Eigenschaft, typisches Merkmal *39*

die **Au(e), -n** feuchtes, bewaldetes Flusstal; Niederung *75*

der **Aufenthalt, -e** Zeit, die man an einem bestimmten Ort verbringt, bleibt oder wartet *106*

aufführen [hier:] zeigen, spielen, inszenieren *50*

aufgeben * [hier:] aufhören, darauf verzichten *13*

die **Auflösung, -en** [hier:] Beendigung, Zerfall *109*

die **Aufnahmeprüfung, -en** Prüfung, die über die Zulassung entscheidet *22*

aufsagen vortragen, rezitieren *15*

der **Aufstand, ⸚e** Revolte, Rebellion *44*

der **Aufstieg, -e** Aufschwung, Karriere *67*
der **Auftritt, -e** Vorstellung, Auftreten vor Publikum *77*
aufwachsen * groß werden *13*
aufwärts nach oben *43*
die **Augenweide** schöner Anblick *33*
ausarbeiten entwickeln, fertig stellen; verbessern *36*
ausbauen fertig stellen; vergrößern, erweitern *37*
die **Ausbildung, -en** Qualifikation; Lehre, Studium etc. *20*
ausbrechen * [hier:] (plötzlich) anfangen, entstehen *37*
ausdehnen ausbreiten, expandieren *8*
der **Ausdruck** [hier:] Expression, Betonung *49*
der **Ausdruck, ̈e** [hier:] Begriff, Wort *53*
der **Ausflug, ̈e** kleine (Tages)Reise, kleine Wanderung *27*
der **Ausgangspunkt, -e** Startort *83*
aushalten * ertragen *96*
die **Ausnahme, -n** Abweichung von der Regel *45*
ausreichend genug *19*
ausrufen * [hier:] proklamieren *38*
die **Ausrüstung, -en** für einen bestimmten Zweck nötige Gegenstände; Werkzeug *89*
die **Aussage, -n** Feststellung, Erklärung *24*
ausschließlich nur, alleinig *114*
der **Ausschnitt, -e** Teil, Einzelheit *104*
außerordentlich ungewöhnlich, besonders *114*
die **Aussicht, -en** Blick, Panorama *75*
ausüben praktizieren (einen Beruf, eine Sportart) *26*
die **Auswahl** Angebot, Wahl *58*
die **Auswanderung** Emigration *36*
auswendig aus dem Gedächtnis *11*
autoritär streng, undemokratisch *36*

B

der **Backstein, -e** gebrannter Stein aus Lehm oder Ton *64*
die **Bandscheibe, -n** elastische Scheibe zwischen zwei Wirbeln (Hals, Rücken) *25*
die **Baracke, -n** einfacher, provisorischer (Holz)Bau, Notwohnung *43*
der **Beamte, -n** Angestellter des Staates, „Staatsdiener" *40*
beantragen formell etw. fordern, verlangen *19*
das **Becken, –** [hier:] Ebene, tieferes Gebiet *75*
der **Bedarf** Bedürfnis; das, was man braucht *32*
die **Bedienung** [hier:] Kellner(in), Servierer(in) *102*
die **Bedingung, -en** Voraussetzung [im Plural auch: Situation] *24*

die **Bedrohung, -en** Gefahr, Gefährdung *37*
der **Befehl, -e** Kommando, Anordnung *81*
begabt talentiert, fähig *49*
begehrt sehr gewünscht, alle wollen es haben *18*
begeistern (refl.) etw. toll finden, mit Enthusiasmus reagieren *27*
beginnen * anfangen *14*
der **Begleiter, –** jd., der mit einem geht *14*
begraben * beerdigen *81*
begrenzt beschränkt, limitiert *22*
der **Begriff, -e** [hier:] Wort, Ausdruck *108*
beherbergen Raum, Unterkunft für etw./jdn. bieten *75*
beherrschen bestimmen, dominieren *50*
der **Behinderte, -n** jd., der einen körperlichen oder geistigen Schaden hat *40*
bekämpfen gegen etw./jdn. vorgehen *37*
Bekanntschaft machen kennen lernen *34*
die **Bemühung, -en** Anstrengung *45*
benutzen verwenden, gebrauchen *10*
bequem [hier] komfortabel *19*
beraten * besprechen, diskutieren *8*
bereichern reicher machen *48*
der **Bericht, -e** sachliche Darstellung, Erzählung *17*
berühmt sehr bekannt, renommiert *24*
die **Besatzung, -en** Crew, Mannschaft *100*
der **Beschäftigte, -n** Arbeitnehmer, Angestellter *54*
die **Beschäftigung, -en** [hier:] die Aktivität, der Zeitvertreib *28*
beschließen * entscheiden, bestimmen über *40*
der **Beschluss, ̈e** Entscheidung, Vereinbarung *65*
beschreiben * erläutern, charakterisieren; ein Bild zeichnen mit Worten *16*
die **Beschwerde, -n** Klage, Protest *105*
beseitigen wegschaffen, verschwinden lassen *39*
besetzen okkupieren *41*
besichtigen sich anschauen, besuchen *60*
besiedelt bewohnt *64*
besitzen * (als Eigentum) haben *18*
die **Besorgung, -en** Erledigung, Einkauf *96*
bestimmen [hier:] prägen, beeinflussen *38*
beteiligen (refl.) mitmachen, teilnehmen *37*
beten zu einem Gott sprechen *48*
betrachten ansehen, -schauen *37*
betreffen * angehen *51*
der **Betrieb, -e** Firma, Unternehmen *54*
die **Bevölkerung, -en** Menschen, die in einem Land/einer Region leben *10*
bevorzugen lieber haben, machen etc. *29*
bewaffnet mit Waffen ausgerüstet *89*

die **Bewegung, -en** [hier:] politische Strömung *36*

der **Bewerber, –** Kandidat, Interessent *57*

bewundern bestaunen, schön finden *16*

bezeichnen nennen *114*

bezeichnend charakteristisch, typisch *77*

bezeugen Zeuge sein von, dokumentieren *64*

die **Beziehung, -en** Kontakt, Verbindung *44*

bezwingen * besiegen *82*

die **Bilanz, -en** [hier:] Ergebnis *41*

die **Bildung** [hier:] Qualifikation; Erwerben von Kenntnissen, Fähigkeiten *22*

die **Bindung, -en** Beziehung *81*

der **Bischof, ̈e** kirchl. Titel, Rang *74*

das **Blei** Metall (chem. Zeichen: Pb) *16*

blenden blind machen, täuschen *40*

blicken schauen, sehen *56*

blitzblank sehr sauber und glänzend *93*

der **Block, ̈e** [hier:] Vereinigung mehrerer Staaten, Parteien etc. um die Macht zu vergrößern *45*

die **Blockade, -n** Absperrung *42*

blöd(e) [umg.] doof, dumm *56*

die **Blüte** [hier:] Höhepunkt *48*

die **Börse, -n** Ort, an dem Wertpapiere, Waren etc. gehandelt werden *68*

die **Botschaft, -en** [hier:] ständige diplomatische Vertretung *91*

der **Botschafter, –** Gesandter, oberster Diplomat *37*

der **Brauch, ̈e** Tradition, Gewohnheit *14*

die **Brauerei, -en** Unternehmen, das Bier produziert *17*

die **Brezel, -n** Gebäck, das ungefähr aussieht wie eine Acht *17*

die **Bühne, -n** erhöhter Teil des Theaters, wo die Aufführung stattfindet *80*

der **Bummel, –** gemütlicher (Einkaufs)Spaziergang *103*

der **Bund, ̈e** Vereinigung, Zusammenschluss *64*

die **Bürgerinitiative, -n** Vereinigung von Bürgern/Einwohnern um politische Forderungen durchzusetzen *43*

C

die **Chance, -n** gute Aussicht/Gelegenheit; Möglichkeit *31*

die **Clique, -n** Gruppe von Freunden, Gleichgesinnten *31*

die **Couch, -s** (Liege)Sofa *76*

D

damalig aus dieser früheren, vergangenen Zeit *45*

damals zu dieser vergangenen Zeit *42*

dank durch, mit Hilfe von *50*

der **Dauerbrenner, –** [fig.] etwas, das immer aktuell ist *104*

der **Deich, -e** Schutzwall gegen Hochwasser und Fluten *62*

die **Dekoration, -en** Schmuck, Verzierung *14*

demonstrieren [hier:] an einer (Protest)Kundgebung teilnehmen *37*

das **Denkmal, ̈er** Kunstwerk oder Bauwerk, das an ein Ereignis/eine Person erinnern soll *49*

deponieren lagern, entsorgen *57*

derb grob, kräftig *51*

dergleichen so etwas, etwas in der Art *38*

deutlich klar, gut erkennbar; mit Nachdruck *45*

deutschstämmig aus Deutschland kommend *10*

der **Dialekt, -e** Mundart *10*

dienen [hier:] eine Funktion haben *29*

die **Dienstleistung, -en** Service z. B. von Banken, in der Gastronomie etc. *8*

diskutieren bereden, Meinungen austauschen *28*

distanzieren (refl.) sich fern halten, nichts damit zu tun haben wollen *43*

die **Disziplin** (Unter)Ordnung *24*

dogmatisch unbeweglich, an Dogmen festhaltend *45*

das **Dorf, ̈er** kleiner Ort, Siedlung auf dem Land *26*

drehen [hier:] einen Film machen *100*

dringend eilig *56*

die **Druckpresse, -n** Maschine zum Drucken von Zeitungen, Büchern etc. *11*

duften gut, angenehm riechen *96*

durchmachen [hier:] die Nacht verbringen ohne zu schlafen, z. B. auf einer Party *61*

der **Durchschnitt** Mittelwert, Mittelmaß *19*

E

e. V. Abkürzung für Eingetragener (=registrierter) Verein *28*

die **Ebbe** Zurückfließen des Meerwassers *63*

die **Ebene, -n** flaches Land *62*

ebenfalls auch *53*

echt nicht gefälscht, wirklich *32*

edel [hier:] adlig, vornehm *70*

effektiv [hier:] leistungsstark, produktiv *87*

die **Ehe, -n** offiziell geschlossene Lebensgemeinschaft zwischen Mann und Frau *40*

ehemalig früher, Ex- *12*

ehrlich ohne zu lügen, die Wahrheit sagend *13*

ehrwürdig [hier:] alt und vornehm *70*

der **Eid, -e** Schwur; feierliches, formales Versprechen *86*

die **Eigenschaft, -en** Merkmal, Charakteristikum *51*

das **Eigentum**, ¨er Besitz 18

der **Eindruck**, ¨e Impression, (Ein)Wirkung 49

der **Einfluss**, ¨e Wirkung 34

eingerichtet [hier:] möbliert, ausgestattet 19

einheimisch in einem Land/Ort geboren und dort lebend 86

einheitlich für alle/überall gleich 10

die **Einigung**, -en [hier:] Zusammenschluss, Einswerden 37

das **Einkommen**, – Gehalt; Geld, das man bekommt (durch Arbeit, Besitz etc.) 18

einmalig nur einmal vorkommend, ganz besonders 85

einordnen an die richtige Stelle/in den richtigen Zusammenhang bringen 114

die **Einrichtung**, -en [hier:] Organisation, Institution 91

einsam allein, isoliert 12

die **Einschreibung** [hier:] Immatrikulation 22

die **Einsicht**, -en Erkenntnis 76

eintragen * in etw. einschreiben 95

eintreten * [hier:] Mitglied/Teilnehmer werden 37

einwandfrei ohne Fehler/Mängel 97

einweihen mit einer Zeremonie eröffnen 48

einzeln für sich alleine 62

einzig alleinig; nur das existiert 10

das **Elend** Not, Unglück 36

emigrieren auswandern 36

empfangen * (herein)bekommen 58

empfehlen * raten, als gut/günstig vorschlagen 61

enorm sehr groß, hoch 38

entkommen * fliehen, flüchten 115

entlassen * kündigen, wegschicken 37

entscheiden * etw. beschließen, eine Wahl treffen 21

die **Entspannung** Lockerung; Liberalisierung (polit.) 45

entspringen * entstehen; seinen Ursprung/seine Quelle haben 74

entstehen * sich (heraus)bilden, sich entwickeln; werden 36

entwickeln (refl.) entstehen, wachsen; sich verändern 11

die **Entwicklung**, -en Prozess; wie es weitergeht 13

das **Erbe** das, was die vorhergehende(n) Generation(en) uns hinterlassen haben 77

die **Erfahrung**, -en Kenntnisse; Erlebnis, aus dem man etw. lernt 24

erfinden * etw. ganz Neues (z. B. eine Maschine) schaffen 11

der **Erfolg**, -e Sieg, sehr gute Leistung 26

erforschen wissenschaftlich untersuchen 51

ergänzen vervollständigen; hinzufügen, was fehlt 94

das **Ergebnis**, -se das Resultat 31

erhalten * [hier:] bewahren, konservieren 65

erholen (refl.) wieder gesund werden; sich ausruhen, regenerieren 57

die **Erinnerung**, -en Gedanke(n) an die Vergangenheit 12

erkältet leicht krank (Schnupfen, Husten etc.) 96

erlauben sagen, dass jd. etw. darf; zulassen 45

ermorden umbringen, töten 37

ernst [hier:] schwerwiegend, gravierend 43

der **Ernst** kein Spaß 20

erobern mit Gewalt in Besitz nehmen, unterwerfen 41

die **Erscheinung**, -en [hier:] Phänomen 50

erschießen * durch einen Schuss töten 81

erschreckend schrecklich, furchtbar 41

erstrecken (refl.) sich ausdehnen 63

der **Erwachsene**, -n (geistig u. körperlich) voll entwickelter Mensch 12

erwähnen nennen 52

der **Erwerbstätige**, -n Berufstätiger 54

erzeugen produzieren, bewirken 51

die **Erziehung** [hier:] Ausbildung 21

es kommt darauf an es ist entscheidend; es hängt davon ab 42

eskalieren sich steigern, sich überstürzen 45

die **Ethik** Morallehre 51

die **Eurythmie** Ausdruckstanz; Bewegung und Sprache/Gesang 21

ewig für alle Zeit 88

exklusiv [hier:] besonders, speziell, für gehobene Ansprüche 33

der **Experte**, -n Fachmann 51

exzentrisch überspannt, mit merkwürdigen Launen 79

F

das **Fach**, ¨er [hier:] Wissens- oder Unterrichtsgebiet, z. B. Mathematik, Biologie 21

das **Fachwerk** bes. im 16./17. Jahrhundert übliche Bauweise mit Holzbalken und Lehm oder Ziegeln dazwischen 69

das **Fachwissen** Kenntnisse auf einem bestimmten Gebiet 12

die **Fähigkeit**, -en Können, Qualifikation 98

fassen [hier:] gefangen nehmen 41

fasten nichts oder nur bestimmte Speisen essen *15*

feierlich zeremoniell *9*

feiern ein Fest machen, festlich begehen *14*

feindlich gegnerisch *9*

der **Felsen, –** große Masse aus Stein *63*

fertig zu Ende, abgeschlossen *20*

fiktiv nicht real, erfunden *58*

die **Fläche, -n** Areal, Gebiet *54*

das **Flair** Atmosphäre, Ausstrahlung *76*

flanieren bummeln, spazieren gehen (in der Stadt) *110*

der **Fleiß** Eifer, Tatkraft *24*

fleißig eifrig *28*

die **Fliese, -n** Wand- oder Fußbodenplatte aus Stein, Kunststoff etc. *97*

der **Flohmarkt, ¨e** Markt mit Gebrauchtwaren, Antiquitäten etc. *32*

die **Flotte, -n** alle Schiffe eines Landes *91*

flüchten fliehen, weglaufen (vor Gefahr) *37*

der **Flüchtling, -e** jd., der fliehen muss *41*

das **Flugblatt, ¨er** Papier mit (politischen) Mitteilungen, das verteilt wird *41*

die **Flut, -en** strömendes (Hoch)Wasser *62*

der **Föhn, -e** warmer, trockener Wind *114*

die **Folge, -n** Ergebnis, Konsequenz *36*

fördern [hier:] Kohle etc. aus der Erde nach oben bringen *66*

fordern verlangen, haben wollen *36*

der **Fortschritt, -e** das Weiterkommen, Besserwerden *50*

freiwillig ohne Zwang; weil man es will *20*

fremd anders(artig), unbekannt *19*

der **Fremdenverkehr** Tourismus *82*

das **Fremdwort, ¨er** Wort, das aus einer anderen Sprache übernommen wurde *28*

der **Frieden** Zustand ohne Krieg; Ruhe, Harmonie *45*

das **Friedensgebet, -e** Bitte (an Gott) um Frieden *70*

frieren * sich kalt fühlen, unter der Kälte leiden *42*

froh zufrieden, glücklich *13*

fruchtbar ertragreich, gute Ernte bringend *65*

die **Führung, -en** Besichtigung einer Sehenswürdigkeit mit einem Führer, der alles erklärt *106*

füllen voll machen *15*

fürchten Angst haben *12*

der **Fürst, -en** Adelstitel *48*

G

die **Gabe, -n** [hier:] Begabung, Fähigkeit *70*

der **Garant, -en** jd., der etw. garantiert, absichert *8*

die **Garde, -n** militärische (Elite)Truppe *89*

die **Garderobe, -n** [hier:] Kleiderablage, -aufbewahrung *106*

die **Gardine, -n** leichter, transparenter Vorhang *19*

die **Gasse, -n** kleine, enge Straße *78*

das **Gebiet, -e** Region *10*

gebildet mit (Aus)Bildung, kultiviert *13*

das **Gebot, -e** Gesetz, Vorschrift *35*

die **Gebühr, -en** (amtliche) Kosten *22*

das **Geflügel** Tiere mit Federn/Vögel, die man isst *15*

der **Gegensatz, ¨e** Kontrast, großer Unterschied *9*

gegenüber vis-à-vis, auf der anderen Seite *52*

die **Gegenwart** das Heute, was jetzt ist *74*

der **Gegner, –** Feind, Oppositioneller *40*

geheim versteckt, der Öffentlichkeit nicht bekannt *87*

geil [umg.] toll, super *56*

der **Geist, -er** Gespenst, Dämon *17*

geistig intellektuell *50*

gelten * [hier:] angesehen werden als *61*

gemeinsam zusammen mit anderen, Gruppen- *28*

die **Gemeinschaft, -en** Gruppe, die zusammengehört; Verbindung *58*

der **Gemischtwarenladen, ¨** kleines Geschäft für Lebensmittel und andere Dinge des täglichen Bedarfs *32*

die **Gämse, -n** ziegenähnliches Tier, das im Hochgebirge lebt *84*

gemütlich bequem und behaglich, familiär *19*

der **Genosse, -n** Kamerad, Gleichgesinnter *86*

geräumig viel Platz/Raum bietend *97*

das **Gericht, -e** [hier:] das Essen, die Speise *15*

das **Gericht, -e** Ort/Behörde, wo Recht gesprochen wird *47*

gering klein, wenig *94*

gesamt ganz, vollständig *40*

das **Geschäft, -e** [hier:] Laden *32*

geschehen * passieren *114*

das **Geschehen, –** Ereignisse; das, was passiert *38*

geschickt [hier:] fingerfertig *98*

das **Geschoss, -e** [hier:] Etage, Stock(werk) *106*

gesinnt eingestellt, (ideologisch) orientiert *47*

die **Gestaltung** Design *51*

gestatten erlauben *114*

gewähren erlauben *106*

die **Gewalt, -en** rohe Kraft, (zerstörerische) Macht *62*

gewaltsam mit Gewalt, erzwungen *40*

das **Gewehr, -e** Schusswaffe *89*

die **Gewerkschaft, -en** Organisation, die die Interessen der Arbeitnehmer vertritt *25*

gewöhnen (refl.) mit etwas Neuem vertraut werden, sich anpassen *11*

die **Gewohnheit**, **-en** [hier:] Brauch, Tradition *34*

der **Giebel**, **–** dreieckiger Abschluss des Dachs an den Schmalseiten eines Hauses *64*

der **Gipfel**, **–** Bergspitze *49*

glanzvoll prächtig *39*

gleichgestellt mit den gleichen Rechten, in der gleichen Position *42*

der **Gletscher**, **–** Eisstrom im Hochgebirge *81*

die **Glotze**, **-n** [umg.] Fernsehapparat *31*

gnadenlos brutal, unerbittlich, ohne Mitleid *36*

die **Goldgrube**, **-n** [fig., umg.] profitables Geschäft *82*

der **Gottesdienst**, **-e** die gemeinsame Zeremonie der Gläubigen *15*

grell stark leuchtend, sehr kräftig *51*

die **Grenze**, **-n** Trennlinie zwischen Grundstücken, Ländern etc. *8*

großzügig [hier:] geräumig, mit viel Platz *97*

gründen ins Leben rufen, initiieren *27*

der **Gründer**, **–** Initiator; jd., der etw. aufbaut *21*

die **Grundlage**, **-n** Basis, Voraussetzung *45*

das **Grundprinzip**, **-ien** Grundsatz, wichtige Voraussetzung *38*

das **Gut**, **¨er** [hier:] Ware, Produkt *54*

H

der **Haken**, **–** Gegenstand zum Festhalten (oben gebogen) *27*

der **Handel** Austausch von Waren etc., Geschäft *54*

handeln [hier:] sich verhalten *40*

handlich bequem und praktisch, leicht zu handhaben *106*

hässlich unschön *17*

der **Hauch**, **-e** [hier:] sehr leichter Wind, Luftzug *49*

das **Haupt**, **¨er** Kopf; Führer *90*

die **Hauptsache** das Wichtigste *35*

hauptsächlich vor allem, in erster Linie *35*

der **Haushalt** [hier:] alle zu Hause, in der Familie nötigen Arbeiten *12*

die **Heide**, **-n** flache, sandige Landschaft mit Gräsern und Sträuchern *62*

heilen gesund machen, kurieren *68*

das **Heim**, **-e** (Zu)Haus *18*

hektisch übertrieben geschäftig, ruhelos *14*

der **Held**, **-en** besonders mutiger Kämpfer; jd., der etwas Herausragendes leistet *81*

das **Hendl**, **–** junges Huhn (bayr., oberdt.) *17*

der **Hering**, **-e** Meeresfisch *80*

herrlich wunderbar, sehr schön *110*

der **Heurige** [oberdts., österr.] junger Wein von diesem Jahr *75*

heutig modern, von heute *18*

hexen zaubern *70*

der **Hintergrund**, **¨e** [hier:] tieferer Zusammenhang, eigentliche Ursache etc. *59*

der **Hinweis**, **-e** Tipp, Information *113*

der **Hirte**, **-n** jd., der Nutztiere, z. B. Kühe oder Ziegen, hütet *89*

die **Hoffnung**, **-en** optimistische Erwartung an die Zukunft *25*

der **Hopfen** Pflanze; Rohstoff für Bier *35*

hügelig mit niedrigen Erhebungen/Bergen *84*

hundemüde [umg.] sehr, sehr müde *21*

die **Hütte**, **-n** einfache, sehr kleine Behausung *43*

I

das **Ideal**, **-e** Vorbild *13*

ignorieren nicht beachten *114*

die **Illustrierte**, **-n** Zeitschrift mit Bildern, Fotos *59*

der **Imbiss**, **-e** kleine Mahlzeit (zwischendurch) *35*

immerhin jedenfalls, mehr/besser als erwartet *10*

imposant beeindruckend *72*

innerhalb in *44*

insgeheim im Geheimen, versteckt *38*

die **Institution**, **-en** Einrichtung, Behörde *40*

intelligent klug *26*

J

jobben [umg.] arbeiten (meist vorübergehend, ohne feste Anstellung) *22*

der **Jodler**, **–** jd., der jodelt, d.h. auf eine bestimmte Art und Weise (ohne Worte) singt *92*

der **Jugendliche**, **-n** Teenager *20*

K

die **Kammer**, **-n** [hier:] Lagerraum *77*

kämpfen [hier:] sich mühen *32*

der **Karpfen**, **–** Speisefisch *15*

die **Kaserne**, **-n** Gebäude, in dem Soldaten stationiert sind *39*

kegeln sportliches Spiel, bei dem man eine Kugel über eine Bahn nach Kegelfiguren rollt *28*

die **Keimzelle**, **-n** [hier:] Ursprung *88*

der **Keks**, **-e** Plätzchen, Gebäck *15*

der **Keller**, **–** (Lager)Raum unter einem Gebäude *78*

der **Kerl**, **-e** Mensch, Mann, Junge (oft negativ gebraucht) *14*

der **Kernpunkt**, **-e** zentraler, wichtigster Punkt *38*

KFZ Abkürzung für Kraftfahrzeug *21*

der **Kiosk**, **-e** Verkaufshäuschen für Zeitungen, Süßigkeiten, Zigaretten etc. *59*

die **Kirmes** Jahrmarkt, Rummel *17*

der **Kitsch** geschmacklose Pseudo-Kunst 82

die **Klamotten** (Pl.) [umg.] Kleidung(sstücke) 31

klären klar machen 9

die **Klausel**, -n zusätzliche Bestimmung z. B. in Verträgen 46

das **Klischee**, -s zu oft gebrauchte, pauschale Vorstellung 86

der **Knabe**, -n Junge, männliches Kind 77

knapp nicht ganz 54

der **Knecht**, -e Diener; Gehilfe des Bauern 14

die **Knechtschaft** Sklaverei 88

die **Kneipe**, -n das Gasthaus/Wirtshaus, z. B. Studenten-, Bierkneipe 22

der **Kommerz** Handel, Geschäftemacherei 14

kommunal Gemeinde- 18

Konjunktur haben wirtschaftlich erfolgreich sein, gut laufen 30

konsumieren verbrauchen 35

kontrollieren überwachen, -prüfen; beherrschen 42

das **Kopfgeld**, -er Prämie für die Gefangennahme von Kriminellen oder Flüchtlingen 42

kostbar wertvoll 75

die **Kostbarkeit**, -en etwas Wertvolles 77

köstlich sehr gut schmeckend, edel; [auch:] komisch, erheiternd 53

kräftig stark 17

der **Kranz**, ¨e aus Zweigen, Blumen o. ä. gebundener Ring 14

der **Kredit**, -e Geld, das man (ver)leiht 18

kreuz und quer hin und her, in alle Richtungen 61

die **Krippe**, -n [hier:] Darstellung mit Figuren der Heiligen Familie im Stall zu Bethlehem 15

die **Kronjuwelen** (Pl.) Schmuck, Gold etc. aus dem Besitz eines Herrscherhauses 77

die **Kröte**, -n Froschart 57

kulinarisch die Kochkunst/ die (gute) Küche betreffend 34

der **Kummer** Sorge 105

kümmern (refl.) sich sorgen, sich beschäftigen 12

der **Kumpel**, -s [umg.] (Arbeits)Kamerad, Freund 19

der **Kunde**, -n Klient, Käufer 32

kündigen einen Vertrag etc. beenden, auflösen 18

der **Künstler**, – jd., der Kunst schafft, z. B. Maler, Dichter etc. 48

künstlich nicht natürlich, artifiziell 62

der **Kurs**, -e [hier:] Richtung, Weg, Zielsetzung 37

die **Küste**, -n Land am Meer 62

L

lächeln leise lachen 80

die **Lakritze**, -n (schwarze) Süßigkeit aus Süßholzsaft 32

ländlich provinziell, nicht städtisch 64

langweilig uninteressant, öde 13

der **Lärm** sehr laute Geräusche, Krach 17

der **Lastwagen**, – KFZ zum Transport schwerer Güter 57

lebhaft lebendig, farbig 32

leblos ohne Leben, tot 33

die **Legende**, -n Sage, Mythos 88

leger locker, formlos 39

die **Lehre**, -n 2- bis 3-jährige Ausbildung für bestimmte Berufe 20

die **Leibwache**, -n Truppe/Garde zum persönlichen Schutz 40

der **Leichnam**, -e Leiche, Körper eines Toten 79

leichtfüßig schnell und elegant 26

das **Leid** Unglück, großer Schmerz 59

die **Liste**, -n Aufstellung, Verzeichnis 28

die **Litfaßsäule**, -n Säule, an der Plakate, Werbung etc. angeschlagen sind 52

locken verführen, attraktiv sein 15

lockern [hier:] liberalisieren 33

der **Lohn**, ¨e Bezahlung für Arbeit 24

lokal zu einem Ort gehörig 26

das **Lokal**, -e Gasthaus, Kneipe 28

lösen eine Antwort, einen Ausweg finden 23

losgehen * [hier:] anfangen, beginnen 17

lüften frische Luft hereinlassen 104

lukrativ lohnend, profitabel 41

die **Lust** [hier:] Vergnügen, Freude 27

lustig fröhlich, komisch 16

M

die **Macht** Herrschaft, (Befehls)Gewalt 37

magisch verzaubert, geheimnisvoll 73

der **Magnet**, -en [hier:] Anziehungspunkt, attraktiver Ort 39

malerisch romantisch-idyllisch, pittoresk 72

manchmal von Zeit zu Zeit, gelegentlich, nicht immer 20

die **Mannschaft**, -en Team 26

die **Manufaktur**, -en Betrieb, wo die Waren mit der Hand produziert werden 70

das **Markenzeichen**, – gesetzlich geschütztes Produktzeichen, Label, z. B. *Rolex* 87

der **Mäzen**, -e jd., der Künstler und Kultur fördert 48

die **Meinung**, -en Standpunkt; was jd. über etw./jdn. denkt 13

melden bekannt geben 63

die **Mentalität**, -en Art zu denken und sich zu verhalten 86

das **Merkmal**, -e typische Eigenschaft, Zeichen 62

die **Messe**, **-n** [hier:] katholischer Gottesdienst 15

die **Messe**, **-n** [hier:] Industrie- , Verkaufsausstellung 17

die **Metropole**, **-n** Hauptstadt, Zentrum 39

mieten etwas gegen Geld für eine bestimmte Zeit benutzen 18

mild nicht extrem, gemäßigt 68

die **Minderheit**, **-en** die, die in der Unterzahl/ weniger sind [Ant.: die Mehrheit] 10

das **Misstrauen** Skepsis, Zweifel, Mangel an Vertrauen 9

der **Mist** [hier:] Tierkot 80

die **Mitbestimmung** [hier:] Recht der Arbeitnehmer, an Entscheidungen im Betrieb mitzuwirken 43

das **Mitglied**, **-er** jd., der einem Verein, Klub, einer Organisation angehört 25

das **Mittelalter** die Zeit zwischen Antike und Neuzeit 10

mobil beweglich; bereit den Ort zu wechseln 18

moderat gemäßigt, nicht übertrieben 36

das **Monopol**, **-e** alleiniges Vorrecht 64

das **Motiv**, **-e** [hier:] Objekt, das dargestellt/ abgebildet wird 48

das **Motto**, **-s** Leitspruch, Devise 43

die **Mühe**, **-n** Arbeit, Anstrengung 114

die **Mumie**, **-n** konservierter Leichnam 81

die **Mundart**, **-en** Dialekt, regionale Sprechweise 10

münden hineinfließen 74

mündlich gesprochen 31

das **Münster**, **–** Klosterkirche, Dom 72

N

der **Nachbar**, **-n** jd., der neben einem sitzt oder wohnt 10

die **Nachbarschaft** direkte Umgebung 32

die **Nachricht**, **-en** Mitteilung, Neuigkeit 45

der **Nachteil**, **-e** schlechte Seite; negative Folge 13

der **Nachtisch** Dessert, Nachspeise 35

der **Nachtschwärmer**, **–** [fig., umg.] jd., der gerne nachts ausgeht 61

der **Nachwuchs** die jungen Leute; die, die nachkommen 31

das **Nahrungsmittel**, **–** Lebensmittel, Essen und Trinken 73

nennen * [hier:] aufführen, -zählen 11

neutral [hier] nicht parteiisch, unbeteiligt 9

die **Niederlage**, **-n** Besiegtwerden 41

niedrig nicht hoch 19

normalerweise in der Regel, gewöhnlich 18

die **Note**, **-n** [hier:] Beurteilung (z. B. in Punkten) 20

notwendig etwas unbedingt brauchen 42

nutzlos unnötig, überflüssig 12

O

obdachlos ohne Wohnung 19

oberflächlich ohne tiefere Gefühle/Gedanken, nur auf Äußerlichkeiten bedacht 56

öffentlich staatlich, städtisch 14

die **Öffentlichkeit** die Leute, das Publikum 39

der **Offizier**, **-e** militärischer Rang, „höherer" Soldat 87

die **Ohrfeige**, **-n** Schlag mit der Hand auf die Backe 12

das **Opfer**, **–** jd., der etw. Schlimmes erleiden muss 40

die **Opposition**, **-en** Widerstand; alle Gegner 36

orientieren (refl.) sich beziehen; sich als Vorbild/Modell nehmen 43

die **Orthografie**, **-n** Rechtschreibung, richtige Schreibweise 11

P

das **Paar**, **-e** zwei (Personen, Dinge), die zusammengehören 13

der **Palast**, **¨e** Schloss, Prachthaus 18

das **Parkett** [hier:] bes. verlegter Holzfußboden 97

die **Parzelle**, **-n** kleines Stück Land 29

passieren [hier:] überschreiten 74

die **Pension** [hier:] Unterkunft mit Frühstück und einem (Halb-) oder zwei Essen (Vollpension) 95

das **Personal** die Mitarbeiter/Angestellten 33

die **Petition**, **-en** Bittschrift, Gesuch 105

der **Pfadfinder**, **–** Mitglied der gleichnamigen, in England gegründeten Jugendbewegung 87

das **Pfand** [hier:] Geld, das man bei Rückgabe einer geliehenen Sache zurückbekommt 104

die **Pflege** [hier:] Betreuung, Fürsorge 24

die **Pflicht**, **-en** Aufgabe, Verantwortung; das, was man tun muss 20

der **Pilger**, **–** Wallfahrer; jd., der eine religiös motivierte Reise macht 74

die **Platte**, **-n** [hier:] Schallplatte 31

das **Plätzchen**, **–** das Gebäck, der Keks 15

der **Polier**, **-e** Vorarbeiter, Maurer 42

populär bekannt und beliebt 108

der **Pott**, **¨e** [norddts.] Topf 66

prachtvoll prächtig, reich ausgestattet 75

das **Praktikum**, **Praktika** praktische Ausbildungsphase 23

preiswert billig, günstig 19

die **Presse** [hier:] alle Zeitungen 59

probieren versuchen; kosten 33

profitieren Nutzen ziehen; Vorteile haben 36

progressiv fortschrittlich 13

die **Promenade**, **-n** breiter Fußweg 63

der **Prominente**, **-n** berühmte, bekannte Persönlichkeit 90

der **Protest**, **-e** Widerspruch 90

protestieren gegen etw. sein und es sagen/zeigen 43

die **Provinz**, **-en** [hier:] ländliche Region 30

die **Prozedur**, **-en** Vorgehensweise, Verfahren 83

prunkvoll prächtig, luxuriös 48

das **Publikum** die Zuschauer, Besucher 30

pünktlich zur richtigen Zeit 61

Q

qualifiziert gut ausgebildet; geeignet 44

die **Quelle**, **-n** wo Wasser, z.B. eines Flusses, aus der Erde kommt 68

die **Quote**, **-n** Zahl, Rate 24

R

der **Rabatt**, **-e** Preisnachlass, Ermäßigung 31

radikal kompromisslos, extrem 81

die **Rampe**, **-n** [hier:] vorderer Rand der Theaterbühne 30

im **Rampenlicht** [fig.] im Zentrum der Aufmerksamkeit, des öffentlichen Interesses 30

rar selten, kaum verbreitet 32

rasen sehr schnell fahren, sich bewegen 52

der **Raubdruck**, **-e** Nachdruck eines Buches ohne Lizenz 11

der **Raumfahrer**, **–** Astro-, Kosmonaut 87

der **Rebell**, **-en** Aufständischer, Revolutionär 36

das **Referat**, **-e** Vortrag, Bericht 107

der **Reformator**, **-en** Erneuerer 11, 91

in der **Regel** gewöhnlich, meistens 32

regelmäßig immer wieder, sich wiederholend 20

das **Regiment** [hier:] (strenge) Herrschaft 37

der **Regisseur**, **-e** Filmemacher 30

das **Reich**, **-e** Staat, Imperium 37

reichen genug sein 25

der **Reim**, **-e** Gleichklang von Silben z. B. in einem Gedicht (Haus-Maus; klingen-singen) 38

die **Renaissance** künstler. Stil und Kulturepoche, ca. 14. bis 16. Jh. 48

renovierungsbedürftig muss renoviert werden 97

die **Rente**, **-n** Einkommen, das aus der Versicherung kommt, z. B. die Altersrente 24

der **Rentner**, **–** jd., der nicht mehr arbeitet und eine (Alters-, Invaliden-)Rente bekommt 12

der **Reporter**, **–** Berichterstatter für Zeitung, Fernsehen etc. 52

repräsentieren darstellen; vertreten 16

die **Residenz**, **-en** Regierungssitz 30

retten bewahren, in Sicherheit bringen 25

die **Reue** Bedauern; Wunsch, etw. ungeschehen zu machen 103

richten (refl.) sich orientieren, anpassen 31

die **Richtung**, **-en** [hier:] künstlerische/kulturelle Strömung, Tendenz 51

riesig sehr groß 17

das **Risiko**, **Risiken** Gefahr, Wagnis 27

der **Rohstoff**, **-e** Primärstoff, unbearbeitetes Naturprodukt, z. B. Kohle 87

die **Rolle**, **-n** Funktion, Aufgabe 13

die **Rosine**, **-n** getrocknete Weintraube 15

rücken ein kleines Stück bewegen 69

rückständig nicht fortschrittlich, nicht so entwickelt 80

der **Ruf** [hier:] Renommee, Ansehen 30

der **Rummel** Kirmes, Jahrmarkt 103

rund [hier:] etwa, ungefähr 10

der **Rundfunk** Radio 58

S

der **Saal**, **Säle** sehr großer Raum in einem Gebäude 8

sammeln zusammentragen, -bringen 15

das **Sanatorium**, **Sanatorien** Heilstätte, Kurklinik 93

sanft [hier:] vorsichtig, leise 64

sanieren [hier] restaurieren, in Stand setzen 18

satt befriedigt (Hunger, Genuss) 43

der **Sauerstoff** Gas (chemisches Zeichen: O) 54

sausen [hier:] sehr schnell fahren 27

der **Schaden**, **¨** Zerstörung 69

der **Schädling**, **-e** Tier, das Kulturpflanzen zerstört 78

schaffen * [hier:] künstlerisch gestalten, kreieren 49

schaffen [hier:] arbeiten 18

schaffen [hier:] fertig bringen 23

scharf [hier:] stark gewürzt 35

die **Schattenseite**, **-n** schlechte Seite, negative Begleiterscheinung 27

der **Schatz**, **¨e** Reichtümer, Gold und Geld 48

der **Schauplatz**, **¨e** Ort, wo etwas stattfindet 81

der **Schausteller**, **–** jd., der einen Stand, ein Karussell etc. auf einem Jahrmarkt betreibt 17

scheinen * [hier:] es sieht so aus, als ob 42

scherzhaft lustig, nicht ernst gemeint 32

die **Schicht**, **-en** [hier:] tägliche Arbeitszeit, z.B. die Frühschicht 25

das **Schicksal**, **-e** was dem Menschen in seinem Leben passiert 40

die **Schlagzeile**, **-n** fett gedruckte Überschrift in einer Zeitung 59

schlimm böse, schlecht 70

schmal nicht breit, eng, dünn 35

schmeißen * [umg.] werfen 18

schmelzen * auflösen, flüssig machen/werden 16

der **Schmuck** Verzierung, Dekoration; Halsketten, Armbänder etc. 32

schmücken dekorieren, verschönern 15

schmutzig dreckig, nicht sauber 21

der **Schnaps**, ¨e starkes alkoholisches Getränk 17

schnitzen in Holz ausschneiden 74

die **Schöpfung** [hier:] Erschaffung der Welt (durch Gott) 85

der **Schornstein**, -e Schlot, Kamin, Abzug für Rauch 75

schriftlich in geschriebener Form 31

die **Schriftsprache**, -n die geschriebene Sprache 10

der **Schriftsteller**, – Autor, Verfasser 53

der **Schütze**, -n [hier:] jd., der mit einer Schusswaffe schießt 28

schwach nicht stark, kraftlos 38

das **Schwätzchen**, – kleine, gemütliche Unterhaltung (über banale Themen) 32

schweigen * nichts sagen, nicht sprechen 49

der **Schwerpunkt**, -e wichtigster Punkt, zentrales Thema 58

schwingen * in großem Bogen hin und her bewegen 92

schwören * einen Eid sprechen 88

die **See**, -n Meer, Ozean 29

die **Sehenswürdigkeit**, -en sehenswerte Bauten, Kunstwerke etc. 60

die **Sehnsucht**, ¨e Verlangen; starker Wunsch etw./jdm. nahe zu sein 110

das **Seil**, -e Strick, Tau; man kann damit etw. festbinden 27

selbstbewusst von sich selbst/von den eigenen Fähigkeiten überzeugt 39

Selbstmord begehen * sich umbringen, selbst töten 41

selten sehr wenig, rar 22

senkrecht vertikal, im 90°-Winkel 27

die **Sensation**, -en besonderes Ereignis, über das alle sprechen 26

die **Siedlung**, -en Komplex von Wohnhäusern, Gebäuden 56

der **Sieg**, -e gewonnener Kampf 37

die **Silbe**, -n Lautgruppe in einem Wort, die zusammen gesprochen wird 108

sinken * nach unten gehen, abnehmen, weniger werden 13

der **Sitz**, -e [hier:] politisches Mandat 46

der **Skandal**, -e schockierendes Ereignis 76

der **Skat** beliebtes deutsches Kartenspiel 28

der **Slogan**, -s Schlagwort, Motto 90

so weit sein * losgehen; bereit/ fertig sein 42

die **Sorge**, -n Kummer, Angst 56

die **Sorte**, -n Art, Typ 35

das **Souvenir**, -s Andenken, Reiseerinnerung 82

sozial schwach sozial benachteiligt, unten stehend 19

spalten (gewaltsam) trennen, auseinander bringen 9

sparsam nicht verschwenderisch, immer sparend 57

die **Sparte**, -n Fach, Gebiet, Zweig 109

die **Speise**, -n Gericht, Essen 34

sperren schließen, blockieren 61

sponsern finanziell unterstützen, fördern 87

das **Sprichwort**, ¨er (philosophische) Sentenz in Form einer kurzen Wendung, z. B. „Ohne Fleiß kein Preis" 24

die **Sprungschanze**, -n Anlage zum Skispringen 80

spüren fühlen, empfinden 49

städtisch Stadt-, urban 49

der **Stamm**, ¨e Volksgruppe 10

der **Stammbaum**, ¨e Tafel, auf der alle Nachkommen eines Elternpaars verzeichnet sind, oft in Baumform 12

der **Stand**, ¨e [hier:] Position 30

ständig immer, die ganze Zeit 11

stattfinden * sich ereignen, passieren 16

staunen sich wundern, überrascht sein 27

das **Stauwerk**, -e Anlage, die Wasser am Weiterfließen hindert 66

steigend höher/mehr werdend, zunehmend, wachsend 29

die **Steuer**, -n Abgaben, die der Bürger an den Staat zahlen muss 93

das **Stichwort**, ¨er das entscheidende, wichtige Wort 33

das **Stift**, -e Kloster oder andere kirchliche Anstalt 75

stillhalten * [hier:] nicht protestieren, sich etw. gefallen lassen 39

stilllegen schließen, den Betrieb einstellen 67

der **Stimmbruch** Stimmwechsel, Tieferwerden der männlichen Stimme im Teenager-Alter 77

stimmen richtig/wahr sein 34

das **Stimmrecht**, -e Wahlrecht 93

stimmungsvoll mit schöner Atmosphäre 14

der **Stoff**, -e [hier:] Motiv, Thema, Inhalt 58

der **Stollen**, – [hier:] v.a. zu Weihnachten gebackener Hefekuchen mit Rosinen, Mandeln etc. 15

stolz [hier:] sehr zufrieden 18
stören durcheinander bringen 25
streben versuchen etw. zu erreichen, sich
   bemühen 105
die Strecke, -n [hier:] der Straßenabschnitt 65
streiken die Arbeit niederlegen, um
   bestimmte Forderungen durchzusetzen 25
streng strikt, autoritär 12
der Stress Belastung, Druck 13
stressig anstrengend, belastend 19
der Stummfilm, -e Film ohne Ton 100
der Sturm, ̈e sehr starker Wind 62
subventionieren mit öffentlichen Mitteln
   unterstützen 30
super [umg.] toll, klasse, großartig 31
sympathisch Zuneigung erweckend;
   angenehm, liebenswert 26
das Synonym, -e Ausdruck mit gleicher
   Bedeutung 13

T

der Tagebau Bergbau (z. B. Förderung von
   Braunkohle) an der Erdoberfläche 66
das Tal, ̈er ebenes Land zwischen Bergen 27
tätig aktiv 91
die Tatsache, -n Fakt, reale Gegebenheit 56
tatsächlich in Wirklichkeit 13
tauschen das eine geben und dafür das
   andere bekommen 13
die Taxe, -n Gebühr, Steuer 68
das Team, -s Arbeitsgruppe, Mannschaft 25
teilnehmen * mitmachen 23
die Tendenz, -en Richtung, Strömung 53
die Theke, -n (Laden)Tisch 106
der Tipp, -s Ratschlag, Empfehlung 63
toll [umg.] super, großartig 18
den Ton angeben bestimmend, führend sein 50
die Tracht, -en traditionelle Kleidung einer
   Region, Berufsgruppe etc. 92
trauen glauben, vertrauen 88
treu loyal, fest verbunden 26
trinkbar zum Trinken geeignet 83
der Trödel billiger, alter Kram 32
der Trotz [hier:] Widerstand, Opposition 114
tüchtig fleißig, leistungsfähig 42
der Tunnel, -(s) unterirdischer Gang für Straßen,
   Kanäle etc. 78

U

der Überfall, ̈e plötzlicher, unerwarteter Angriff 41
überhaupt im Ganzen gesehen 39
überhaupt nicht gar nicht 17
überlaufen sehr voll 22
überleben [hier:] weiterexistieren 30

überlegen sein mehr können, wissen als jd.
   anders 93
übernachten die Nacht verbringen,
   schlafen 29
übersetzen von einer Sprache in eine andere
   übertragen 11
überwachen kontrollieren 44
überzeugen jdn. dazu bringen eine (andere)
   Idee/Meinung anzunehmen 9
üblich normal, gewöhnlich 21
übrigens nebenbei bemerkt, apropos 27
das Ufer, – Rand eines Flusses oder Sees 63
die Umfrage, -n Befragung, Interviews 18
der Umgang Beschäftigung, Kontakt 23
die Umgangssprache, -n Sprache, die man im
   alltäglichen Leben gebraucht 10
die Umgebung Umland, was drumherum ist 61
umgekehrt andersherum 21
umkommen * ums Leben kommen, sterben
   (gewaltsam) 53
ums Leben kommen * sterben (gewaltsamer,
   nicht natürlicher Tod) 41
umschulen in einem neuen, anderen Beruf
   ausbilden 42
der Umstand, ̈e Lage, Situation 70
umweltbewusst die Umwelt schonend,
   schützend 57
umweltfreundlich die Umwelt/Natur
   schützend 33
der Umzug, ̈e [hier:] Fahrt des Festzuges 17
unabhängig selbstständig, aus eigener
Kraft 12
uneins nicht einer Meinung, zerstritten 109
ungezwungen locker, frei 39
unheimlich gespenstisch, leichte Furcht
   erregend 91
unnachgiebig hart, nicht kompromissbereit 61
unterbringen * Platz finden für jdn./etw. 106
unterdrücken gewaltsam beherrschen,
   „unten halten“ 52
unterhalten * (refl.) miteinander sprechen,
   quatschen 31
die Unterhaltung [hier:] Zeitvertreib, Spaß 58
unterirdisch unter der Erde gelegen 82
unterkommen * Obdach/eine Unterkunft
   finden 19
unternehmen * machen, tun [hier:
   Freizeitaktivität] 31
das Unternehmen, – Firma, Konzern 23
der Unterricht [hier:] die Schulstunden 20
der Unterschied, -e was anders/nicht gleich
   ist 10

unterstreichen * markieren (mit einem Strich darunter) 98

die **Unterstützung, -en** Hilfe, Zuschuss 30

unterwegs auf der Reise, auf dem Wege 27

unvergleichlich einzigartig, nicht zu vergleichen 70

das **Unwesen** schlimmes Treiben 16

ursprünglich zuerst, zu Beginn 15

V

verabreden einen Termin/ein Treffen ausmachen 101

verabschieden (refl.) „Auf Wiedersehen", „tschüss" sagen 37

der **Veranstalter, –** jd., der ein Fest, ein Konzert etc. organisiert und durchführt 30

die **Verantwortung** Pflicht, Aufgabe, die man erfüllen muss 8

der **Verband, "-e** [hier:] Verein, Interessengruppe 57

verbessern (refl.) besser werden 42

verbieten * nicht erlauben, untersagen 38

die **Verbindung, -en** Kontakt, Beziehung 67

das **Verbrechen, –** kriminelle Handlung 43

verbreiten bekannt machen 77

verdienen etwas durch Arbeit bekommen 12

vereinen zusammenschließen, -bringen 45

vereinzelt nicht häufig vorkommend, sporadisch 45

die **Verfassung, -en** [hier:] die Konstitution, die staatlichen Grundsätze, das Grundrecht 36

verfolgen [hier:] jdn. suchen, um ihn gefangen zu nehmen 36

die **Vergangenheit** das Gestern, was vorbei ist 74

vergehen * vorbeigehen, zu Ende gehen 20

vergessen * nicht daran denken, sich nicht erinnern 17

vergleichen * zwei oder mehrere Dinge/Personen betrachten und prüfend gegenüberstellen 24

das **Verhältnis, -se** Beziehung 24

die **Verhältnisse** (Pl.) Bedingungen, die Situation 43

verhandeln Verträge, Beschlüsse etc. diskutieren 65

verhasst sehr gehasst 88

verhindern vermeiden, unmöglich machen 64

verkleiden (refl.) sich kostümieren 17

der **Verlag, -e** Unternehmen, das Bücher, Zeitungen, Musik etc. publiziert 58

verlangen fordern, als Bedingung voraussetzen 23

vermeiden * verhindern, umgehen 64

vermissen merken, dass etw./jd. fehlt/nicht da ist 13

vermitteln [hier:] beibringen, lehren 23

vernichten zerstören 40

die **Verpflegung** Essen und Trinken, Kost 95

verringern reduzieren, senken 57

versammeln (refl.) zusammenkommen 35

verschuldet mit Schulden belastet 18

versperren blockieren, zuschließen 44

versprechen * erklären, dass man etw. ganz bestimmt tun will 39

verstaatlichen in Besitz des Staates bringen 44

die **Verständigung** Kommunikation, Sich-Verstehen 61

verstecken an einen geheimen Platz bringen 16

verteilen jedem etw. geben 15

der **Vertrag, "-e** Abkommen, Kontrakt 31

vertreiben * verjagen, zwingen wegzugehen 17

der **Vertreter, –** Repräsentant 77

verwalten alle (amtlichen) Angelegenheiten erledigen 47

verwandt zur Familie, zu einer Gruppe gehörig 10

verweisen * [hier] ausweisen (aus einem Land), zum Verlassen zwingen 71

verwirklichen realisieren, wahr machen 18

verwüsten (total) vernichten, zerstören 41

VHS Abkürzung für Volkshochschule 23

das **Vieh** Schweine, Kühe, Schafe etc. 54

die **Vielfalt** Verschiedenartigkeit 86

das **Volk, "-er** Ethnie; Menschen, die durch Sprache und Kultur eine Gemeinschaft bilden 16

die **Volksabstimmung, -en** Referendum 63

vollenden zu Ende bringen 50

völlig ganz, total 26

vor allem in erster Linie, hauptsächlich 29

das **Vorbild, -er** Ideal, Modell/Muster 44

vorherrschend dominierend; sehr häufig vorkommend 69

die **Vorschrift, -en** Regel, Instruktion 18

der **Vorsitzende, -n** Chef, Leiter 43

vorstellen [hier:] präsentieren, mit Namen etc. nennen 94

vorstellen (refl.) [hier:] sich ein Bild (im Kopf) machen 15

die **Vorstellung, -en** [hier:] Idee, Gedanke 44

der **Vorteil, -e** gute, positive Seite; Nutzen 18

der **Vortrag, "-e** Vorlesung, Referat 28

vorübergehend nur für kurze Zeit, nicht für immer 37

das **Vorurteil, -e** vorgefasste Meinung (ohne die Tatsachen zu kennen) 56

W

der **Wacholder** kleiner Nadelbaum mit blauschwarzen Beeren 62

die **Waffe, -n** Gerät, mit dem man kämpfen und töten kann 51

wählen sich entscheiden, seine Stimme abgeben für etw./jdn. 46

wahr wirklich, richtig 11

wahrscheinlich vermutlich, es ist anzunehmen 10

die **Währung, -en** Geld(einheit) in einem Land, z. B. DM, Dollar 42

das **Wahrzeichen, -** Symbol, charakteristisches Merkmal/Gebäude 48

die **Wallfahrt, -en** Reise – meist zu Fuß – zu einem Ort mit besonderer religiöser Bedeutung 74

der **Walzer, -** Tanz im Dreiviertel-Takt 50

die **Ware, -n** Produkt; Sache(n), die zu kaufen oder verkaufen sind 32

das **Wattenmeer** Teil des Meeresbodens, der bei Ebbe trocken liegt, zwischen Küste und Inseln 63

die **Weide, -n** Futterland für Kühe, Schafe, Pferde 62

weitgehend fast ganz, so weit wie möglich 24

der **Weltrang** Weltniveau 90

weltweit in der ganzen Welt 35

die **Wende** [hier:] der Umschwung in der politischen Entwicklung zwischen Ost und West 1989 29

die **Werbung** Reklame 58

das **Werk, -e** [hier:] Fabrik, Produktionsstätte 25

das **Werk, -e** was jd. geschaffen hat (Kunst-, Literaturwerk) 11

die **Werkstatt, -en** Arbeitsraum, Produktionsstätte (z. B. von Handwerkern, Künstlern) 21

das **Werkzeug** Hammer, Säge, Bohrer etc. sind Werkzeug 54

wertvoll kostbar, teuer 106

der **Wettbewerb, -e** Konkurrenz 83

der **Widerstand** Opposition, Sich-Wehren 41

widmen zueignen, z. B. jdm. ein Buch widmen 73

wiederholen noch mal machen 20

winzig sehr klein 63

der **Wipfel, -** oberer Teil eines Baums 49

wirken [hier:] erscheinen, aussehen 33

wirksam [hier:] einflussreich 51

die **Witwe, -n** Frau, deren Ehemann gestorben ist 100

der **Wohlstand** hoher Lebensstandard, Reichtum 43

das **Wohmobil, -e** Caravan 29

der **Wortschatz** alle Wörter einer Sprache; alle Wörter, die jd. verstehen bzw. anwenden kann 86

das **Wunder, -** ungewöhnliches, „übernatürliches" Ereignis 43

die **Wut** Zorn, großer Ärger 44

Z

das **Zeitalter, -** Ära, Epoche 36

zementieren [hier:] festlegen, -schreiben 44

zerschlagen * vernichten, kaputtmachen 36

zerstören kaputtmachen 27

zeugen dokumentieren, zeigen 48

das **Zeugnis, -se** Dokument 60

das **Ziel, -e** Ort/Sache, den/die man erreichen will 29

die **Ziffer, -n** Zahl(zeichen) 111

der **Zivildienst** Alternative zum Militärdienst, z. B. im Krankenhaus 22

der **Zoll, -e** Abgaben, Steuern, die man beim Passieren bestimmter Orte oder Grenzen zahlen muss 74

die **Zubereitung, -en** Vorbereitung und Herstellung von Speisen und Getränken; das Kochen 76

züchten aufziehen (Tiere, Pflanzen) 28

zufrieden froh, glücklich 13

die **Zukunft** Zeitraum, der vor uns liegt; Morgen 16

in **Zukunft** in der Zeit, die vor uns liegt 24

zuliebe aus Liebe zu 16

zum Teil teilweise; nicht ganz/immer 35

zumindest wenigstens 13

zunehmend immer mehr, wachsend 39

der **Zusammenbruch, -e** Vernichtung, Ende 38

zusätzlich noch dazu, ergänzend 20

der **Zuschuss, -e** Zuzahlung, finanzielle Hilfe 19

zutreffen * stimmen, richtig sein 70

zuzüglich plus, hinzukommend 97

der **Zweig, -e** [hier:] Branche 36

zwingen * jdn. mit Gewalt dazu bringen, etw. zu tun 88